全国水利水电类高职高专统编教材

# 土壤与农作

## （修订版）

主　编　张建国　金斌斌
副主编　张身壮　李振兴
主　审　张志远

黄河水利出版社

·郑州·

# 内 容 提 要

本书是全国水利水电类高职高专统编教材,是根据全国水利水电高职教研会制定的土壤与农作课程教学大纲编写完成的。本书内容主要包括土壤肥力的物质基础、土壤基本性质、土壤水分、土壤养分与肥料、低产土壤改良、作物与水分、主要作物的合理用水等。书中着重阐述了与农业水利密切相关的土壤水分、作物水分生理、农业节水技术、主要农作物的需水规律和合理用水等方面的基础知识、基本理论与基本技能。

本书为高职高专教育和中等职业教育水利类专业的教学用书,也可供从事农业水利工作的科技人员和干部参考。

## 图书在版编目(CIP)数据

土壤与农作/张建国,金斌斌主编. —郑州:黄河水利
出版社,2010.8 (2024.8 修订版重印)
全国水利水电类高职高专统编教材
ISBN 978 – 7 – 80734 – 871 – 9

Ⅰ.①土… Ⅱ.①张…②金… Ⅲ.①土壤学②农学
Ⅳ.①S15②S3

中国版本图书馆 CIP 数据核字(2010)第 145585 号

组稿编辑:王路平 电话:0371-66022212 E-mail:hhslwlp@163.com

出 版 社:黄河水利出版社 网址:www.yrcp.com
　　　　　地址:河南省郑州市顺河路黄委会综合楼14层 邮政编码:450003
发行单位:黄河水利出版社
　　　　　发行部电话:0371 – 66026940、66020550、66028024、66022620(传真)
　　　　　E-mail:hhslcbs@126.com
承印单位:河南承创印务有限公司
开本:787 mm×1 092 mm 1/16
印张:9.25
字数:210 千字 印数:6 501—7 500
版次:2010 年 8 月第 1 版 印次:2024 年 8 月第 4 次印刷
　　　2024 年 8 月修订版

定价:20.00 元

# 前　言

本书是根据《教育部、财政部关于实施国家示范性高等职业院校建设计划,加快高等职业教育改革与发展的意见》(教高[2006]14号)、《教育部关于全面提高高等职业教育教学质量的若干意见》(教高[2006]16号)等文件精神,以及全国水利水电高职教研会拟定的教材编写规划,在中国水利教育协会的指导下,由全国水利水电高职教研会组织编写的高职高专水利水电类专业统编教材。

为了不断提高教材质量,编者于2024年8月,根据近年来国家及行业最新颁布的规范、标准、规定等,以及在教学实践中发现的问题和错误,对全书进行了修订完善。

土壤与作物的特性是水利勘测规划、灌排工程设计、制定灌溉制度、确定灌水方法、灌区用水管理和灌排科学试验的重要依据。因此,从事农业水利的工作者必须了解土壤与农作的有关知识。本书编写的指导思想是紧扣高职高专水利类专业的需求,遵循"必需、够用"的原则,力求概念明确、通俗易懂、浅显易学,注意融基础性、实用性和先进性为一体,突出高等职业教育特色。为便于学生学习,每章有学习目标和小结,附有一定量的复习思考题。

由于我国幅员辽阔,各地自然条件不同,土壤和作物栽培情况差异较大,因此各院校在使用本教材时,可根据当地实际情况有所侧重地进行教学。

本书编写人员及编写分工如下:山西水利职业技术学院张建国(第一、四、五、八章及附录),安徽水利水电职业技术学院张身壮(第二章),山西水利职业技术学院李振兴(第三章),浙江同济科技职业学院金斌斌(第六、七章)。本书由张建国、金斌斌担任主编,张建国负责全书统稿,由张身壮、李振兴担任副主编,由河南水利与环境职业学院张志远担任主审。

由于编者水平有限,书中难免有疏漏和错误之处,敬请读者批评指正。

编　者
2024年8月

# 目 录

# 第一章 绪 论

**学习目标**

1. 了解土壤在农业生产中的重要性。
2. 理解土壤及土壤肥力的概念。
3. 了解作物概念及分类。

## 第一节 土壤在农业生产和生态环境中的重要性

### 一、土壤是农业生产的基础

"民以食为天,食以土为本",这句话精辟地概括了人类—农业—土壤之间的关系,农业是人类生存的基础,而土壤是农业生产的基础。

**(一)土壤是植物生长发育的基地**

农业生产包括植物生产(种植业)和动物生产(养殖业)两大部分,都是生产具有生命的生物有机体。其中,动物生产必须靠植物生产提供必要的饲料,如果没有植物生产,或植物生产搞不好,动物赖以进行生命活动的能量和营养物质就没有来源,或者供应困难,动物生产也就不可能搞好。所以,植物生产是农业生产的基本环节。

农业生产实质上是把太阳能转化为有机化学潜能的生产,也就是说,农业生产的基本任务是利用绿色植物进行光合作用,制造和积累大量有机物质,满足人类生活的需要。农业生产是以植物有机体作为生产工具的,而植物本身也是产品,因此植物的生长发育过程就是产品的形成过程。植物的生长发育和产品的形成有五个基本要素,即光(太阳光)、热(温度)、水、肥(养分)、气(氧和二氧化碳),其中光、热、气来自宇宙,水和肥通过根系从土壤中吸取。植物之所以能立足自然界,经受风雨的袭击而不倒伏,正是由于根系伸展在土壤中,获得土壤的机械支撑。这一切都说明,植物生产必须以土壤为基地。归纳起来,土壤在植物生长发育中有下列作用。

1. 营养库的作用

植物生长需要的营养元素除 $CO_2$ 主要来自空气外,氮、磷、钾及中量、微量营养元素和水分则主要来自土壤。从全球氮、磷营养库的贮备和分布来看(见表1-1),虽然海洋的面积占地球表面面积的 2/3 以上,但陆地土壤和生物系统贮备的氮、磷总量要比水生生物及水体中的贮量高得多;从数量和分配来看,土壤营养库都十分重要。土壤是陆地生物所必需的营养物质的重要来源。

2. 养分转化和循环作用

土壤中存在一系列的物理、化学、生物和生物化学作用。在养分元素的转化中,既包括无机物的有机化,又包含有机物的矿质化;既有营养元素的释放和淋失,又有营养元素的结合、固定和归还。在地球表层系统中通过土壤养分元素的复杂转化过程,实现着营养元素与生物之间的循环和周转,保持了生物的生息与繁衍。

表1-1　全球氮、磷营养库的贮备和分布

| 环境单位 | | N( ×10⁹ t) | P( ×10⁶ t) |
|---|---|---|---|
| 大气 | | $3.8 \times 10^6$ | — |
| 陆地 | 生物 | $12.29 \times 10^2$ | $2 \times 10^3$ |
| | 土壤 | $8.99 \times 10^2$ | $16 \times 10^4$ |
| 水域 | 生物 | 0.97 | 138 |
| | 沉积物 | $4 \times 10^6$ | $10^6$ |
| | 水体 | $2 \times 10^4$ | $12 \times 10^4$ |
| 地壳 | | $14 \times 10^6$ | $3 \times 10^6$ |

**3. 雨水涵养作用**

土壤是地球表面具有生物活性和多孔结构的介质,具有很强的吸水和持水能力。据统计,地球上的淡水总贮量约为 0.39 亿 km³,其中被冰雪封存和埋藏在地壳深层的水有 0.349 亿 km³,可供人类生活和生产利用的循环淡水总贮量只有 0.041 亿 km³,仅占淡水总量的 10.5%。在 0.041 亿 km³ 的循环淡水中,除循环地下水(占 95.12%)和湖泊水(占 2.95%)超过土壤水(1.56%)外,土壤贮水量明显大于江河水(0.03%)和大气水(0.34%)的贮量。植物枝叶对雨水的截留和对地表径流的阻滞,根系的穿插和腐殖质层的形成,大大增强了雨水涵养和防止水土流失的能力。

**4. 生物的支撑作用**

土壤不仅是陆地植物的基础营养库,还为绿色植物在土壤中生根发芽、根系在土壤中伸展和穿插提供机械支撑,保证绿色植物地上部分能稳定地站立于大自然之中。此外,在土壤中还有种类繁多、数量巨大的微生物群在这里生活和繁育着。

**5. 稳定和缓冲环境变化的作用**

土壤处于大气圈、水圈、岩石圈及生物圈的交界面,是地球表面各种物理、化学、生物化学过程的反应界面,是物质与能量交换、迁移等过程最复杂、最频繁的地带。这种特殊的空间位置,使得土壤具有抵抗外界温度、湿度、酸碱性、氧化还原性变化的缓冲能力。进入土壤的污染物能通过土壤生物进行代谢、降解、转化、清除或降低毒性,土壤起着过滤器和净化器的作用,为地上部分的植物和地下部分的微生物生长繁衍提供一个相对稳定的环境。

**(二)植物生产、动物生产和土壤管理三者之间的关系**

农业生产是由植物生产、动物生产和土壤管理三个环节组成的。植物生产(种植业)主要是通过绿色植物的光合作用制造有机物质,把太阳能转变为化学能贮存起来,随后一部分植物产品作为食物和工业原料为人类所用。动物生产(养殖业)是把一部分植物产品和动物残体作为饲养畜、禽、鱼类的饲料,以便更充分地利用这些有机物质及其所包含的化学能,进一步为人类提供肉、乳、蛋、毛、皮和畜力、肥料等。土壤管理是对土壤进行施肥耕作管理,把未曾利用过的动植物残体和人畜粪尿通过耕作归还土壤,变为植物可利用的养分,这样可增加和更新土壤有机质,提高土壤肥力,保证农业生产持续、稳定地发展。群众所说的"粮多、猪多,猪多、粪多,粪多、粮多",正是对植物生产、动物生产和土壤管理三者之间关系的形象说明。

## 二、土壤与作物是生态系统的重要组成部分

植物、动物和微生物加上它们的生存环境的集合体,称为生态系统。土壤是人类所处自然环境的一部分,作物是农业生物的主体,二者都是生态系统的重要组成部分。

在一定条件下,就整个生态系统而言,由于各种生物群体之间的相互制约,生物与生物、生物与环境之间维持着某种相对稳定的状态,称为生态平衡。人类生活在自然环境中,不断地进行干预和改造,使之有利于人类的生产和生活。与此同时,人们的活动也会在有意或无意之中破坏自然环境中的生态平衡,其后果是给人类带来难以弥补的损失。例如,滥垦乱伐和过度放牧,引起大量水土流失和土地沙漠化,水旱灾害增加;盲目大量灌溉,有灌无排,使土壤次生盐渍化;滥用化肥、农药,工业"三废"(废气、废水、废渣)随意排放,造成严重污染等,会给人类带来灾害,甚至是毁灭性的。对此,水利工作者应该高度重视,在水利技术的应用与推广工作中,必须树立生态系统的观点,重视生态平衡问题,了解建设生态农业及大农业对水利的要求,更好地发挥水资源和水利工程的作用。

21世纪是我国社会经济高速发展的时代,也将是我国人口达到16亿人的高峰时代,农业责无旁贷地要承担起保障国民经济发展和人口对粮食巨大需求的重任。因此,必须在重视生态平衡和保护土壤资源的基础上,合理利用和管理土壤,不断培肥和改良土壤,提高土壤生产力。同时,大力发展高效农业、设施农业和特色农业,生产出满足人们需求的粮食和农副产品。作为水利工作者,必须了解农业生产的基本知识,特别是土壤与农作的有关知识,使水利更好地满足农业生产的需要,为实现农业可持续发展和全面建设小康社会作出应有的贡献。

## 三、土壤与作物是农业水利工作的基础

农业水利的基本任务是通过各种工程技术措施,调节农田水分状况和地区水利条件,以促进农业可持续发展。它与土壤及作物有着十分密切的关系。很多农业水利工作都需依据土壤和作物的特性与要求来进行。例如,在水利勘测工作中,必须运用有关土壤和作物的基础知识,了解土壤类型、质地、空间分布、肥力、被污染与盐渍化状况、作物组成等。在灌排工程的规划设计中,水库库容、灌排渠道断面和泵站功率等,均须根据灌区农业生产的要求,特别是土壤特性和作物需水等情况来确定。灌溉制度和灌水方法的确定与实施,必须根据土壤水分物理特性和作物需水规律,保证既能满足作物需水而促进高产,又能提高水的经济效益和培肥土壤。对山丘区的水土保持、平原盐碱地和低洼圩区等的治理,必须了解各种土壤的有关特性和低产原因,采取适当的水利工程与各种农业技术结合的综合治理措施,才能收到治水改土的良好效果。在灌区用水管理和灌排科学试验等工作中,更须根据当地的气候、土壤等情况和作物的需水特性进行试验研究,并与有关农业

技术紧密结合,充分发挥灌排工程效益和灌溉水资源的作用,提高灌溉排水的质量和工作效率,达到节水节能、增产增收的目的。

# 第二节　土壤与肥力

## 一、土壤的概念

俗话说:"万物土中生"。土壤是农业生产的基本条件,是作物生长发育的基地,是人类赖以生存的重要资源和生态条件。

什么是土壤? 虽然土壤对于每一个人来说都不陌生,但回答这个问题,不同学科的科学家常有不同的认识:生态学家从生物地球化学观点出发,认为土壤是地球表层系统中,生物多样性最丰富,生物地球化学的能量交换、物质循环(转化)最活跃的生命层。环境科学家认为,土壤是重要的环境因素,是环境污染物的缓冲带和过滤器。工程专家则把土壤看做是承受高强度压力的基地或工程材料的来源。对于农业科学工作者和广大农民来说,土壤是植物生长的介质,其更关心的是影响植物生长的土壤条件,即土壤肥力供给、培肥及持续性。

由于不同学科的科学家对土壤的概念存在着不同的认识,要想给土壤下一个严格的定义是很困难的。土壤学家和农学家传统地把土壤定义为:发育于地球陆地表面,能生长绿色植物的疏松多孔结构表层。在这一概念中,重点阐述了土壤的主要功能是能生长绿色植物,具有生物多样性,所处的位置在地球陆地的表层,它的物理状态是由矿物质、有机质、水分、空气和生物组成的具有孔隙结构的介质。

## 二、土壤肥力

### (一)土壤肥力的概念

土壤肥力的概念和土壤的概念一样,迄今也尚未有完全统一的看法。西方土壤学家传统地把土壤供应养分的能力看做肥力。美国土壤学会 1989 年出版的《土壤科学名词汇编》中把肥力定义为:土壤供应植物生长所必需养料的能力。苏联土壤学家对土壤肥力的定义是:土壤在植物生活的全过程中,不断地供给植物以最大数量的有效养料和水分的能力。我国土壤科学工作者在《中国土壤》(2 版,1987)中,对肥力作了以下的阐述:肥力是土壤的基本属性和本质特征,是土壤从营养条件和环境条件方面,供应和协调植物生长的能力。土壤肥力是土壤物理、化学和生物学性质的综合反映。在这个定义中,所说的营养条件是指水分和养分,为作物必需的营养因素;所说的环境条件是指温度和空气,虽然温度和空气不属于植物的营养因素,但对植物生长有直接或间接的影响,称之为环境因素或环境条件。定义中所说的"协调"解释为土壤四大肥力因素,即水、肥、气、热并不是孤立的,而是相互联系和相互制约的。植物的正常生长发育,不仅要求水、肥、气、热四大肥力因素同时存在,而且要处于相互协调的状态。形象地说,一种良好的土壤必须能满足植物"吃得饱"(养分充足)、"喝得足"(水分适量)、"住得好"(空气流通、温度适宜)、"站得稳"(根系伸展自如、机械支撑牢固)的要求。

### (二)自然肥力和人为肥力

土壤肥力可分为自然肥力和人为肥力。前者是指土壤在自然因子即五大成土因素(气候、生物、母质、地形和时间)的综合作用下发育而产生的肥力,它是自然成土过程的产物。后者是耕作熟化过程发育而产生的肥力,是在耕作、施肥、灌溉及其他技术措施等人为因素影响作用下所产生的结果。可见,只有从来不受人类影响的自然土壤才具有自然肥力。

自从人类从事农耕活动以来,自然植被为农作物所代替,森林或草原生态系统为农田生态系统所代替。随着人口膨胀、人均耕地减少、人类对土地利用强度的不断扩展,人为因子对土壤的演化起着越来越重要的作用,并成为决定土壤肥力发展方向的基本动力之一。人为因子对土壤肥力的影响集中反映在用地和养地两个方面:只用不养或不合理的耕作、施肥、排灌,必然会导致土壤肥力下降;用养结合,可以培肥土壤,保持土壤肥力的可持续性。

### (三)潜在肥力与有效肥力

从理论上讲,肥力在生产上都可以发挥出来而产生经济效益。在农业生产实践中,由于土壤性质、环境条件和技术水平的限制,只有一部分肥力在当季生产中能表现出来,产生经济效益,这部分肥力叫有效肥力;另一部分尚未表现出来的肥力叫潜在肥力。有效肥力和潜在肥力是可以相互转化的,两者之间没有截然的界限。例如,大部分低洼积水的烂水田,虽然有机质含量较高,氮、磷、钾等养分元素的含量丰富,但其有效供应能力较低。对于这种土壤就应采取适当的改土措施,搞好农田基本建设,创造良好的土壤环境条件,以促进土壤潜在肥力转化为有效肥力。

## 三、土壤物质组成

土壤是由矿物质和有机质(固相)、水分(液相)、空气(气相)三相物质组成的疏松多孔体(见图1-1)。固相物质的体积约占50%,其中38%是矿物质颗粒,构成土壤的主体,搭起土壤的骨架,好比是土壤的骨骼;12%是有机质,主要是腐殖质,好比是土壤的肌肉,它是土壤肥力的保证。在固体物质之间,存在着大小不同的孔隙,占据了土壤体积的另一半。孔隙里充满了水分和空气,水分一般占土壤体积的15% ~ 35%,在水分占据以外的孔隙中充满着空气。土壤水分实际上是含有可溶性养分的土壤溶液,它在孔隙中可以上下左右运行,好比是土壤的血液。孔隙中的空气与大气不断地进行交换,大气补给土壤氧气,土壤又吐出二氧化碳,好比土壤也在呼吸。

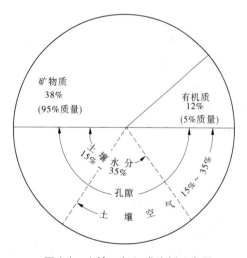

**图1-1　土壤三相组成比例示意图**

# 第三节 作物的概念及分类

## 一、作物的概念

作物从广义上来讲,是指对人类有利用价值、为人类栽培的各种植物,包括大田作物、蔬菜、果树、林木、观赏植物、药用作物、绿肥、牧草等;从狭义上来讲,主要指农作物,如粮、棉、油、麻、糖、烟等,群众称之为庄稼。目前,世界栽培植物中有1500多种作物,在我国常见的有50多种(不包括果树、蔬菜和药用植物)。现在栽培的农作物大都起源于自然野生植物。原始的野生种,在人类长期栽培利用过程中,不断地经人工培育(人工选择)和自然选择而逐渐演化为今日丰富多彩的适宜于各地栽培的品种。从这一意义上来讲,现今各种作物的优良品种,都是人类改造的劳动产物。随着人类的进步、科学技术的发展,作物种类及品种会愈来愈多。

## 二、作物的分类

作物种类繁多,人们为了便于比较、研究和利用,常根据作物的某些特征、特性进行分类。按用途和植物学系统进行分类,这是通常采用的分类方法,依此可将作物分为三大类别(粮食作物、经济作物或称工业原料作物、绿肥及饲料作物)八种类型。

(1)谷类作物。

谷类作物一般属禾本科植物。常见的有稻、小麦、大麦(包括青稞、元麦)、燕麦(包括莜麦)、黑麦、玉米、高粱、粟、黍等。蓼科的荞麦,也包括在此类中。

(2)豆类作物。

豆类作物属豆科植物。常见的有大豆、蚕豆、豌豆、绿豆、小豆、豇豆、菜豆等。

(3)薯类作物(或称根茎类作物)。

薯类作物(或称根茎类作物)在植物学上的科属不一。常见的有甘薯、马铃薯、山药、芋等。

(4)纤维作物。

纤维作物常见的有棉花、大麻、苘麻、黄麻、红麻、苎麻、亚麻、剑麻、蕉麻、菠萝麻、罗布麻等。

(5)油料作物。

油料作物常见的有油菜、花生、芝麻、蓖麻、向日葵等。

(6)糖料作物。

糖料作物常见的有甘蔗及甜菜。

(7)嗜好作物。

嗜好作物主要包括烟草、茶叶、薄荷、咖啡、啤酒花等。

(8)绿肥及饲料作物。

绿肥及饲料作物常见的有苜蓿、苕子、紫云英、草木樨、田菁、柽麻、沙打旺、紫穗槐、红萍(绿萍)、水葫芦、水浮莲、水花生等。

（1）、（2）、（3）属于粮食作物，（4）、（5）、（6）、（7）属于经济作物，（8）属于绿肥及饲料作物。

在上述分类中，有些作物有几种用途。例如，大豆既可食用，又可榨油；亚麻既是纤维作物，又是油料作物。因此，上述分类并不是绝对的，同一作物有时可划分在这一类，也可把它划到另一类。

# 小　结

土壤是农业生产的基础。土壤与作物是生态系统的重要组成部分，也是农业水利工作的基础。

土壤是地球陆地表面能生长植物的疏松层。水分、养分、空气和热量是土壤肥力四大因素。土壤肥力可分为自然肥力与人为肥力、有效肥力与潜在肥力。土壤是由固、液、气三相物质组成的疏松多孔体。

作物从广义上来讲，是指对人类有利用价值、为人类栽培的各种植物，包括大田作物、蔬菜、果树、林木、观赏植物、药用作物、绿肥、牧草等；从狭义上来讲，主要是指农作物，如粮、棉、油、麻、糖、烟等，群众称之为庄稼。通常将作物分为三大类别八种类型。

# 复习思考题

1. 为什么说土壤与作物是农业水利工作的基础？
2. 什么是土壤与土壤肥力？土壤是由哪几部分物质组成的？
3. 什么是作物？作物可分为哪些类型？

# 第二章  土壤肥力的物质基础

## 学习目标

1. 了解土粒分级及其特性。
2. 了解土壤质地的概念及分类标准。
3. 理解不同质地土壤的生产特性和改良方法。
4. 了解土壤有机质的组成、转化、调节及培肥改土作用。
5. 了解土壤胶体的类型及特性。

## 第一节  土壤矿物质

### 一、土壤矿物质的种类与化学组成

土壤矿物质一般占土壤固相质量的95%左右,是构成土壤的"骨架"和植物养分的重要来源。土壤矿物质包括原生矿物和次生矿物,以及一些彻底分解的简单无机化合物。

原生矿物是指地壳上最先存在的经风化作用后仍遗留在土壤中的一些原始成岩矿物,如石英、长石、云母、角闪石和辉石等。在原生矿物中,石英最难分解,常成为较粗的颗粒遗留在土壤中,构成土壤的砂粒部分。黑云母、角闪石、辉石等则容易风化成土壤的黏粒部分。

次生矿物是指原生矿物经风化和成土作用后,逐渐改变其形态、性质和成分而重新形成的一类矿物,如高岭石、蒙脱石、伊利石等铝硅酸盐矿物(次生黏土矿物),一般粒径小于 5 μm,是土体中最活跃的部分。

土壤矿物的化学组成以 $SiO_2$、$Al_2O_3$、$Fe_2O_3$、$FeO$、$CaO$、$MgO$ 等含量较多,其中尤以 $SiO_2$ 为最多,$Al_2O_3$ 次之,$Fe_2O_3$ 再次之,三者之和常占化学组成总量的75%以上。就元素组成来说,则更为复杂,几乎含有全部化学元素,但主要是 O、Si、Al、Fe、Ca、Mg、K、Na、Ti、C 等 10 种元素,它们占矿物质总量的99%以上,其中又以 O、Si、Al、Fe 为最多。

土壤养分的种类与含量常因矿物的化学组成、风化强度及气候条件的差异而不同。如正长石、云母等是易风化、含钾丰富的矿物,磷灰石、橄榄石等是土壤中 P、Mg、Ca 等养料元素的来源。当母质中含这些矿物多时,土壤中所含养分也较多。我国南方气候湿热的红壤,以含高岭石和各种氧化铁、铝为主,北方土壤则以蒙脱石和伊利石含量较多。

### 二、土粒分级及其性质

#### (一)土粒分级

通常按照粒径的大小和性质的差异,将土粒划分成若干等级,称为土粒分级。同一粒级范围的土粒大小、成分和性质基本相近;不同粒级间的土粒大小、成分和性质均有较大差异。一般将土粒分为石砾、砂粒、粉粒和黏粒四大基本粒级,然后进行细分。当前,我国常见的土粒分级标准见表2-1。

表2-1　常见的土粒分级标准

| 中国制(1987) | | 国际制(1930) | | 卡庆斯基制(1957) | |
|---|---|---|---|---|---|
| 粒级名称 | 粒径(mm) | 粒级名称 | 粒径(mm) | 粒级名称 | 粒径(mm) |
| 石块<br>石砾 | >3<br>3~1 | 石砾 | >2 | 石块<br>石砾 | >3<br>3~1 |
| 粗砂粒<br>细砂粒 | 1~0.25<br>0.25~0.05 | 粗砂粒<br>细砂粒 | 2~0.2<br>0.2~0.02 | 粗砂粒<br>中砂粒<br>细砂粒 | 1~0.5<br>0.5~0.25<br>0.25~0.05 |
| 粗粉粒<br>中粉粒<br>细粉粒 | 0.05~0.01<br>0.01~0.005<br>0.005~0.002 | 粉粒 | 0.02~0.002 | 粗粉粒<br>中粉粒<br>细粉粒 | 0.05~0.01<br>0.01~0.005<br>0.005~0.001 |
| 粗黏粒<br>细黏粒 | 0.002~0.001<br><0.001 | 黏粒 | <0.002 | 粗黏粒<br>细黏粒<br>胶粒 | 0.001~0.0005<br>0.0005~0.0001<br><0.0001 |

注:卡庆斯基制中,1~0.01 mm 为物理性砂粒,<0.01 mm 为物理性黏粒。

**(二)各级土粒的矿物组成和化学性质**

土粒的大小不同,其矿物组成和化学成分也不一样。一般土粒由粗到细,其矿物组成中的石英含量逐渐减少,云母含量逐渐增多;而矿物组成上则是 $SiO_2$ 含量逐渐减少,Ca、Mg、P、K 等养分含量相应增加(见表2-2、表2-3)。

表2-2　各级土粒的矿物组成　　　　　　　　(%)

| 粒径(mm) | 石英 | 长石 | 云母 | 角闪石 | 其他 |
|---|---|---|---|---|---|
| 1~0.25 | 86 | 14 | — | — | — |
| 0.25~0.05 | 81 | 12 | — | 4 | 3 |
| 0.05~0.01 | 72 | 15 | 7 | 2 | 4 |
| 0.01~0.005 | 63 | 8 | 21 | 5 | 3 |
| <0.005 | 10 | 10 | 66 | 7 | 7 |

**(三)各级土粒的水分性质和物理性质**

不同粒级土粒的水分性质和物理性质也不同。从表2-4可见,粗细不同的土粒,其水分性质和物理性质在 0.01 mm 处有明显变化,这是卡庆斯基把土粒简单地分为物理性黏粒和物理性砂粒的重要依据。从表2-4中的数字还可以明显看出:最大分子持水量、湿胀及塑性等数值的增加与颗粒粗细有关,而渗透系数和毛管水上升高度则与土粒间孔隙的大小有关。毛管水上升高度在粒径 <0.01 mm 时,由于毛管力已经表现不出来而观测不到。

表2-3　各级土粒的 Ca、Mg、P、K 含量　　　　　　　　（%）

| 成土母质 | CaO | | | MgO | | | P₂O₅ | | | K₂O | | |
|---|---|---|---|---|---|---|---|---|---|---|---|---|
| | 砂粒 | 粉粒 | 黏粒 | 砂粒 | 粉粒 | 黏粒 | 砂粒 | 粉粒 | 黏粒 | 砂粒 | 粉粒 | 黏粒 |
| 冲积母质 | 0.07 | 0.19 | 0.55 | 0.09 | 0.14 | 0.61 | 0.03 | 0.10 | 0.34 | 0.37 | 1.34 | 1.76 |
| 岩浆岩残积母质 | 0.52 | 0.82 | 0.94 | 0.48 | 0.86 | 1.24 | 0.07 | 0.22 | 0.67 | 1.60 | 2.37 | 7.80 |
| 石灰岩残积母质 | 1.55 | 2.86 | 6.67 | 0.44 | 0.52 | 1.84 | 0.19 | 0.17 | 0.49 | 1.46 | 1.95 | 2.67 |
| 冰碛母质及黄土母质 | 1.24 | 1.30 | 2.69 | 0.54 | 0.88 | 1.80 | 0.15 | 0.23 | 0.86 | 1.72 | 2.35 | 3.08 |

表2-4　各级土粒的水分性质和物理性质

| 土粒名称 | 粒径（mm） | 最大吸湿量（%） | 最大分子持水量*（%） | 毛管水上升高度(cm) | 渗透系数(cm/s) | 湿胀(按最初的体积计,%) | 塑性(上、下塑限含水量,%) |
|---|---|---|---|---|---|---|---|
| 石砾 | 3.0~2.0 | — | 0.2 | 0 | 0.5 | — | 不可塑 |
| | 2.0~1.5 | | 0.7 | 1.5~3.0 | 0.3 | | |
| | 1.5~1.0 | | 0.8 | 4.5 | 0.12 | | |
| 粗砂粒 | 1.0~0.5 | — | 0.9 | 8.7 | 0.072 | | |
| | 0.5~0.25 | — | 1.0 | 20~27 | 0.056 | | |
| 细砂粒 | 0.25~0.10 | — | 1.1 | 50 | 0.030 | 5 | |
| | 0.10~0.05 | — | 1.2 | 91 | 0.005 | 6 | |
| 粗粉粒 | 0.05~0.01 | <0.5 | 3.1 | 200 | 0.004 | 16 | |
| 中粉粒 | 0.01~0.005 | 1.0~3.0 | 15.9 | — | — | 105 | 可塑(28~40) |
| 细粉粒 | 0.005~0.001 | — | 31.0 | — | — | 160 | 塑性较强(30~48) |
| 黏粒 | <0.001 | 15~20 | — | — | — | 405 | 塑性强(34~87) |

**注:** *表示用薄膜平衡法(66 kg/cm² 压力下)测得。曾作为膜状水与毛管水的分界含水量(水分常数之一),因此界线并不存在,而已否定其为常数,但可作为土壤吸水力比较的一个指标。

**（四）各级土粒的主要特征**

1. 石砾和砂粒

石砾和砂粒是岩石风化的碎屑,主要成分为原生矿物,且以石英为主,无黏结性,不可塑,无膨胀收缩及胶体特性,矿质养分少且易淋失,通气透水性强,温度变幅大。

2. 黏粒

黏粒主要是次生矿物,其中包括黏土矿物(高岭石、蒙脱石)及铁、铝、锰的氢氧化物与含水氧化物,颗粒小而高度分散,有巨大的表面积和很强的表面能,具有胶结性及很强的黏性、可塑性、吸水力和持水力、毛管性能、膨胀收缩性及离子代换吸收性能。黏粒矿质养分含量丰富,保肥力强,但通气透水性差,温度变幅小。

3. 粉砂粒

粉砂粒兼有原生矿物和次生矿物,其颗粒大小介于砂粒和黏粒之间,故许多性状也介于砂粒与黏粒之间。

### 三、土壤质地及其分类标准

不同的土壤,其固体部分颗粒组成的比例差异很大,而且很少是由单一的某一粒级土壤颗粒组成的,即使是最粗的砂土或最细的黏土,也不只是由纯砂粒或纯黏粒所组成的,而是砂粒、粉粒、黏粒都有,只不过是各粒级所占的比例不同(如砂土中砂粒占的比例大,而黏土中黏粒占的比例大)。因此,我们把土壤中各级土粒的配合比例或土壤中各级土粒的质量百分数叫土壤机械组成。土壤质地则是根据不同机械组成所产生的特性而划分的土壤类别。质地是土壤的一种十分稳定的自然属性。在生产实践中,质地常常作为认土、用土和改土的重要依据。一般将土壤质地分为砂土、壤土和黏土三大组,每组再细分(见表2-5 ~ 表2-7)。土壤质地可以用仪器来测定,也可以用简单的手摸方式来确定。

表2-5　国际制土壤质地分类

| 质地分类 | | 各级土粒含量(%) | | |
| --- | --- | --- | --- | --- |
| 类别 | 名称 | 砂粒<br>(2 ~ 0.02 mm) | 粉粒<br>(0.02 ~ 0.002 mm) | 黏粒<br>(<0.002 mm) |
| 砂土类 | 砂土及壤质砂土 | 85 ~ 100 | 0 ~ 15 | 0 ~ 15 |
| 壤土类 | 砂质壤土 | 55 ~ 85 | 0 ~ 45 | 0 ~ 15 |
| | 壤土 | 40 ~ 55 | 30 ~ 45 | 0 ~ 15 |
| | 粉砂质壤土 | 0 ~ 55 | 45 ~ 100 | 0 ~ 15 |
| 黏壤土类 | 砂质黏壤土 | 55 ~ 85 | 0 ~ 30 | 15 ~ 25 |
| | 黏壤土 | 30 ~ 55 | 25 ~ 45 | 15 ~ 25 |
| | 粉砂质黏壤土 | 0 ~ 40 | 45 ~ 85 | 15 ~ 25 |
| 黏土类 | 砂质黏土 | 55 ~ 75 | 0 ~ 20 | 25 ~ 45 |
| | 粉砂质黏土 | 0 ~ 30 | 45 ~ 75 | 25 ~ 45 |
| | 壤质黏土 | 10 ~ 55 | 0 ~ 45 | 25 ~ 45 |
| | 黏土 | 0 ~ 55 | 0 ~ 35 | 45 ~ 65 |
| | 重黏土 | 0 ~ 35 | 0 ~ 35 | 65 ~ 100 |

表2-6　卡庆斯基制土壤质地分类(简制)

| 质地组 | 质地名称 | 不同土壤类型 <0.01 mm 粒级含量(%) | | |
| --- | --- | --- | --- | --- |
| | | 灰化土 | 草原土壤、红黄壤 | 碱化土、碱土 |
| 砂土 | 松砂土 | 0~5 | 0~5 | 0~5 |
| | 紧砂土 | 5~10 | 5~10 | 5~10 |
| 壤土 | 砂壤土 | 10~20 | 10~20 | 10~15 |
| | 轻壤土 | 20~30 | 20~30 | 15~20 |
| | 中壤土 | 30~40 | 30~45 | 20~30 |
| | 重壤土 | 40~50 | 45~60 | 30~40 |
| 黏土 | 轻黏土 | 50~65 | 60~75 | 40~50 |
| | 中黏土 | 65~80 | 75~85 | 50~65 |
| | 重黏土 | >80 | >85 | >65 |

表2-7　中国制土壤质地分类

| 质地组 | 质地名称 | 颗粒组成(%) | | |
| --- | --- | --- | --- | --- |
| | | 砂粒 (1~0.05 mm) | 粗粉粒 (0.05~0.01 mm) | 细黏粒 (<0.001 mm) |
| 砂土 | 极重砂土 | >80 | | <30 |
| | 重砂土 | 70~80 | | |
| | 中砂土 | 60~70 | | |
| | 轻砂土 | 50~60 | | |
| 壤土 | 砂粉土 | ≥20 | ≥40 | |
| | 粉土 | <20 | | |
| | 砂壤 | ≥20 | <40 | |
| | 壤土 | <20 | | |
| 黏土 | 轻黏土 | | | 30~35 |
| | 中黏土 | | | 35~40 |
| | 重黏土 | | | 40~60 |
| | 极重黏土 | | | >60 |

## 四、不同质地土壤的生产特性

我国农民历来重视土壤质地问题,历代农书中都有因土种植、因土管理和质地改良经验的记载。至今农民仍以土质好坏来评述土壤质地及有关性质。

### (一)砂质土

砂质土以砂土为代表,也包括缺少黏粒的其他轻质土壤(粗骨土、砂壤土),它们都有一个松散的土壤固相骨架,砂粒很多而黏粒很少,粒间孔隙大,降水和灌溉水容易渗入,内部排水快,但蓄水量少而蒸发失水强烈,水汽由大孔隙扩散至土表而丢失。砂质土的毛管较粗,毛管水上升高度小,若地下水位较低,则不能依靠地下水通过毛管上升作用回润表土,所以抗旱力弱。只有在河滩地上,地下水位接近土表,砂质土才不致受旱。因此,砂质土在利用管理上要注意选择种植耐旱作物和品种,保证水分供应,及时进行小定额灌溉,要防止漏水漏肥,采用土表覆盖以减少土壤水分蒸发。

砂质土的养分少,又因缺少黏粒和有机质而保肥性差,人畜粪尿和硫酸铵等速效性肥料易随雨水和灌溉水流失。砂质土上施用速效性肥料往往肥效猛而不稳,前劲大而后劲不足,农民称为"少施肥、一把草,多施肥、立即倒"。所以,砂质土上要强调增施有机肥,适时追肥,并掌握勤浇薄施的原则。

砂质土含水少,热容量比黏质土小,白天接受太阳辐射而增温快,夜间散热而降温也快,因而昼夜温差大,对块茎、块根作物的生长有利。早春时砂质土的温度上升较快,称为热性土,在晚秋和冬季,一遇寒潮则砂质土的温度就迅速下降。

由于砂质土的通气性好,好气性微生物活动强烈,有机质分解迅速并释放出养分,使农作物早发,但有机质累积难而其含量常较低。

砂质土耕作阻力小,耕后质量好,宜耕期长。

砂质土种植作物往往"发小苗,不发老苗",即出苗快、齐、全,但中后期易早衰、早熟。适宜种植生长期短、耐瘠薄,要求土质疏松、排水良好的作物,如花生、薯类、豆类、芝麻、果树等。

这类土壤主要分布于我国西北部地区,如新疆、甘肃、宁夏、内蒙古、青海的山前平原及各地河流两岸、滨海平原一带。

### (二)黏质土

黏质土包括黏土和黏壤土(重壤土)等质地黏重的土壤。此类土壤的细粒(尤其是黏粒)含量高而粗粒(砂粒、粗粉砂)含量极少,常呈紧实黏结的固相骨架。粒间孔隙数量比砂质土多但甚为狭小,有大量非活性孔(被束缚水占据的)阻止毛管水移动,雨水和灌溉水难以下渗而排水困难,易在犁底层或黏粒积聚层形成上层滞水,影响植物根系下伸。所以,采用深沟、密沟、高畦,或通过深耕和开深线沟破坏紧实的心土层以及采用暗管和暗沟排水等,以避免或减轻涝害。

黏质土含矿质养分(尤其是钾、钙等盐基离子)丰富,而且有机质含量较高。它们对带正电荷的离子态养分(如 $NH_4^+$、$K^+$、$Ca^{2+}$)有强大的吸附能力,使其不致被雨水和灌溉水淋洗损失。农民群众说"大粪不过丘,清水溻肥田",正是说明黏质土的这一特性。

黏质土的孔隙小而往往为水占据,通气不畅,好气性微生物活动受到抑制,有机质分解缓慢,腐殖质与黏粒结合紧密而难以分解,因而容易积累。所以,黏质土的保肥能力强,氮素等养分含量比砂质土中要大得多,但死水(植物不能利用的束缚水)容积和迟效性养分也多。

黏质土蓄水多,热容量大,昼夜温度变幅较小。在早春,水分饱和的黏质土(尤其是有机质含量高的黏质土），土温上升慢，农民称之为冷性土。但在受短期寒潮侵袭时，黏质土降温也较慢，作物受冻害较轻。

缺少有机质的黏土，往往黏结成大土块，俗称大泥土，其中有机质特别缺乏者，称为死泥土。这种土壤的耕性特别差，干时硬结，湿时泥泞，对肥料的反应呆滞，即所谓的"少施不应，多施勿灵"。黏质土的耕作阻力大，所以也叫重土，它干后龟裂，易损伤植物根系。对于这类土壤，要增施有机肥，注意排水，选择在适宜含水量条件下精耕细作，以改善其结构性和耕性。

黏质土种植作物往往"发老苗，不发小苗"，即出苗晚，长势差，缺苗断垄现象严重，而中后期易出现徒长、贪青晚熟现象。其适宜种植稻、麦、玉米、高粱等生长期长、需肥量大的作物（见表2-8）。

表2-8　主要作物的适宜土壤质地范围

| 作物种类 | 土壤质地 | 作物种类 | 土壤质地 | 作物种类 | 土壤质地 |
|---|---|---|---|---|---|
| 水稻 | 黏土、黏壤土 | 萝卜 | 砂壤土 | 柑橘 | 砂壤土、黏壤土 |
| 小麦 | 壤质黏土、壤土 | 莴苣 | 砂壤土—黏壤土 | 梨树 | 壤土、黏壤土 |
| 大麦 | 壤土、黏壤土 | 甘蓝 | 砂壤土—黏壤土 | 枇杷 | 黏壤土、黏土 |
| 粟 | 砂壤土 | 白菜 | 砂壤土、壤土 | 葡萄 | 砂壤土、砾质壤土 |
| 玉米 | 黏壤土 | 大豆 | 黏壤土 | 苹果 | 壤土、黏壤土 |
| 黄麻 | 砂壤土—黏壤土 | 豌豆、蚕豆 | 黏土、黏壤土 | 桃树 | 砂壤土、黏壤土 |
| 棉花 | 砂壤土、壤土 | 油菜 | 黏壤土 | 茶树 | 砾质黏壤土、壤土 |
| 烟草 | 砾质砂壤土 | 花生 | 砂壤土 | 桑树 | 壤土、黏壤土 |
| 甘薯、茄子 | 砂壤土、壤土 | 甘蔗 | 黏壤土、壤土 | | |
| 马铃薯 | 砂壤土、壤土 | 西瓜 | 砂土、砂壤土 | | |

## （三）壤质土

这类土壤在北方又称二合土，其砂黏比例一般为6∶4左右，大小孔隙比例适中，故兼有砂质土和黏质土的优点，既通气透水，又保水保肥，耕性好，土壤的水、肥、气、热以及扎根条件协调，种植作物"既发小苗，又发老苗"，适合种植各种作物，是农业上较理想的土壤。

这类土壤主要分布于黄土高原、华北平原、松辽平原、长江中下游平原、珠江三角洲及河流两岸冲积平原上。

## 五、土壤质地层次

土壤剖面中各层次的排列均不相同，很少是由单一的土壤质地组成的，往往是砂、壤、黏的土层交错排列，比较复杂，如黏夹砂、砂夹黏、砂盖黏、黏盖砂等，有时也会遇到全剖面各层次均是砂质土或黏质土的情况。因为质地层次的排列直接影响土壤中水分的运行和调节，影响土壤气、热状况的变化以及土壤的保肥供肥性能，所以土壤质地在剖面中的排列状况对土壤肥力有着重要的作用。常见的土壤质地层次有以下几种。

## （一）上松下紧型（砂盖黏型）

这种类型土壤表层疏松，多为砂壤质、砂质或轻壤质，土层厚约30 cm，其下层为厚40 cm以上的黏土层，质地为中壤、重壤或黏土。上层疏松多孔，通气透水性好，养分转化快，有效养分含量较多，含水量适宜，有利于种子发芽和幼苗的生长。下层土质较黏，起到托水托肥的作用，水肥供应较好，有利于植物根系伸展，为其后期生长提供了良好的条件。种植作物"既发小苗，又发老苗"。这类质地层次的土壤，水、肥、气、热协调，耕性好，作物生长发育好，产量高，群众称之为蒙金土。如果上部砂质层太薄，水分不易下渗，易造成表层积水；如果下部黏土层出现的部位较高，而地下水位又浅或地势低洼，也会形成地表积水。出现上述情况，可采取排水、翻黏压砂、增施有机肥等措施进行改良。

## （二）上紧下松型（黏盖砂型）

这种类型表层为30 cm左右的质地黏重的黏土层，其下为砂质土层。上层紧实坚硬，小孔隙多，大孔隙少，通气透水性差，雨水不易下渗，易形成地表径流或地表积水。因空气不流通，有机质分解缓慢，有效养分少。表层土质黏重，湿时泥泞，干时龟裂板结，耕作困难，不利于作物苗期生长。下层属砂土，孔隙大，漏水漏肥，水肥供应不足，影响作物后期生长。种植作物"既不发小苗，又不发老苗"，作物长势差，产量低，群众称之为筛子地。应采取翻砂压黏的措施加以改良。

## （三）夹层型

这种类型表现为砂质层与黏质层相间排列，一层砂一层黏或黏质夹砂、砂质夹黏，但砂层与黏层均有一定的厚度，为30~50 cm，或者再薄一些，太厚则不属于夹层型。夹层型的肥力状况取决于砂质层和黏质层出现的部位与厚度。若属砂夹黏型，砂黏层次适当相间，既可通气透水，又可蓄水保肥，因而水、肥、气、热协调。若属黏夹砂型，表土为黏质土，透水性差，易积水，种子不易出土；下层为砂质土，漏水漏肥。黏夹砂型肥力低，不利于作物生长，需要改良。

## （四）松散型和紧实型

砾质土、石质土、砂土都属于松散型，其层次分化不明显，大孔隙多，小孔隙少，土壤空气流通而含水分少，土温变化大，漏水漏肥。紧实型全剖面为黏重土壤，具有黏土的不良性状。上述两种类型土壤肥力低，理化性状不良，应采取措施进行改良。

# 六、土壤质地改良

质地过砂或过黏均对作物生长不利，因此应该采取相应的改良措施。

## （一）掺砂掺黏、客土调剂

一般要因地制宜、就地取材、循序渐进地进行。如果在砂土附近有黏土、胶泥土、河泥，可采用搬黏压砂的办法；黏土附近有砂土、河砂，可采用搬砂压黏的办法，逐年客土改良，使之达到三泥七砂或四泥六砂的壤土范围。农民说："砂掺黏，年年甜"，"黏土加砂，好像孩子见了妈"，都生动地说明了客土改良的好处。

## （二）引洪漫淤、引洪漫砂

洪水中所挟带的淤泥是来自地表的肥沃土壤，养分含量丰富。将洪水有控制地引入农田，使淤泥沉积于砂土表面，既可增厚土层，改良质地，又能培肥土壤，俗称"一年洪水三年肥"。新疆南部采用淤灌客土的方式，创造了戈壁变良田的好典型，逐年灌淤，约20年后土层可达1 m，土壤质地由砂土变为砂壤土，再经若干年，可变为壤土，成为适宜种植多种作物的良田。宁夏河套平原的大片灌淤土，是由几百年、上千年灌溉水带来的淤泥形成的。引洪漫淤改良砂土时，要注意抬高进水口，以减少砂粒的进入。引洪漫砂改良黏土时，则应降低进水口，以引入多量粗砂。

**（三）翻淤压砂、翻砂压淤**

砂土层下不深处有淤泥层，黏土层下不深处有砂土层，对作物生长都不利。可采取深翻或"大揭盖"，将下层的砂土或黏土翻至表层，通过砂黏掺混，改变土质。

此外，通过种草种树、施有机肥等改良措施，既可增加土壤有机质和养分，又可增强砂土的黏结性，降低黏土的黏结性，促进土壤团粒结构的形成。实践证明，这种改良措施的培肥改土效果是显著的。

# 第二节　土壤有机质

有机质是土壤的重要组成部分。尽管土壤有机质只占土壤质量的很小一部分，但它在土壤肥力、环境保护和农业可持续发展等方面都有很重要的作用与意义。一方面它含有植物生长所需要的各种营养元素，是土壤微生物生命活动的能源，对土壤物理、化学和生物性质都有着深刻的影响；另一方面，土壤有机质还能消除重金属、农药等各种有机、无机污染物。此外，土壤有机质对全球碳平衡也起着重要作用，被认为是影响全球温室效应的主要因素。

广义地讲，土壤有机质包括土壤中各种动植物残体、微生物分解和合成的有机化合物；狭义的土壤有机质一般是指有机残体经微生物作用后，形成的一类特殊的、复杂的、性质比较稳定的高分子有机化合物，即腐殖质。为了区别，常称前者为土壤有机物质，后者为土壤有机质。

有机质的含量在不同土壤中差异很大，高的可达20%（200 g/kg）或30%（300 g/kg）以上（如泥炭土、一些森林土壤等），低的不足0.5%（5 g/kg）（如一些漠境土和砂质土壤）。在土壤学中，一般把耕层有机质含量在20%（200 g/kg）以上的土壤，称为有机土壤；有机质在20%（200 g/kg）以下的土壤，称为矿质土壤。耕作土壤中，表层有机质的含量通常在5%（50 g/kg）以下。

## 一、土壤有机质的来源及组成

土壤有机质主要来源于植物残体和根系，以及施入的各种有机肥料，工农业生产和生活的废水、废渣等，土壤中的微生物和动物也提供了一定量的有机质。土壤有机质可分为各种形态的动、植物残体和腐殖质两类。

**（一）各种形态的动、植物残体**

各种形态的动、植物残体包括各种分解程度不同的动、植物残体，有机肥料及动物排泄物等。其基本成分是碳水化合物（如糖类、淀粉、纤维素、半纤维素等）、含氮化合物（如蛋白质、氨基酸）及木质素等。其元素组成主要是碳、氢、氧、氮，另外还有磷、钾、钙、镁、硫、铁、铝、硅及微量元素硼、锰、铜、锌、钼等。

**(二)腐殖质**

腐殖质是土壤有机质的主体,是一种特殊的有机质,占有机质总量的85%~90%。腐殖质的结构复杂,分子量高,呈黑褐色胶体状。土壤中很少存在游离状态的腐殖质,大多是和矿物质胶体结合形成的有机无机复合胶体。腐殖质对提高土壤肥力有非常重要的作用。

## 二、土壤有机质的转化

土壤有机质的转化可分为矿质化和腐殖化两个过程,两个过程之间并没有截然的界限。矿质化过程产生的中间产物是形成腐殖质的基本来源。同时,矿质化过程的产物腐殖质并不是永远不变的,它也可以再经矿化而分解(见图2-1)。

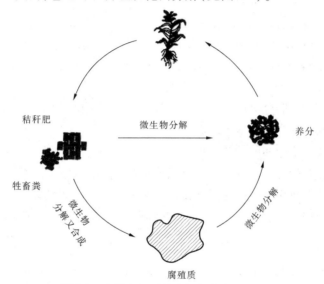

**图2-1　土壤有机质的分解与合成示意图**

**(一)土壤有机质的矿质化过程**

进入土壤中的有机物质,在微生物的作用下,分解为简单的无机化合物(如二氧化碳、氨、磷酸、硝酸盐等)的过程,称为土壤有机质的矿质化过程。一般可分为碳水化合物分解和含氮有机物分解两种类型。

1. 碳水化合物分解

淀粉、纤维素、木质素等碳水化合物,在细菌、真菌等微生物分泌的水解酶作用下,首先分解为单糖(葡萄糖、果糖等),单糖在不同条件和不同微生物作用下的分解过程与产物有很大差异。在空气流通的情况下,由于好气性微生物的作用,有机物质迅速氧化分解为二氧化碳和水,并释放出大量热能。如果通气不良,则因受嫌气性微生物的作用,葡萄糖将分解产生氢气、甲烷等一些还原性物质,并可能积累一些有机酸,对植物生长不利。

2. 含氮有机物质分解

土壤中的含氮有机物主要有蛋白质、腐殖质等,这些物质在微生物分泌的酶作用下,会逐步分解转化,最终成为无机态氮,如:蛋白质→氨基酸→氨。

此外,土壤中还存在含磷和含硫的有机物质,它们同样在微生物的作用下进行分解和转化。如含磷的核蛋白、卵磷脂等经生物化学作用分解产生磷酸,含硫蛋白质则分解产生硫酸。

总之,土壤有机质的矿质化过程,在好气条件下,生成 $CO_2$、水和矿质养分,分解快而彻底,且放出大量热能,不产生有毒物质。在嫌气条件下则分解慢,不彻底,释放能量少,且产生还原性有毒物质,如 $H_2S$、$H_2$、$CH_4$ 等。

### (二)土壤有机质的腐殖化过程

土壤中的有机质在进行分解矿化的同时,还进行着一种非常复杂的生物化学过程,即土壤有机质的腐殖化过程。一般认为该过程可分为两个阶段。

第一阶段是土壤中的有机质在微生物的作用下,一部分转化为矿质化作用的最终产物,如 $CO_2$、$NH_3$、$H_2O$ 等;另一部分则转化成较简单的有机化合物,为腐殖质的形成提供了基本原料,如芳香族化合物(多元酚)和含氮化合物(氨基酸或肽)等。

第二阶段是芳香族化合物、含氮化合物等经微生物作用缩合成新的高分子化合物——腐殖质。

土壤中的腐殖质一般分为胡敏酸和富里酸两大类,其化学组成主要是 C、H、O、N 等,含有羟基、羧基、氨基等多种功能团。腐殖质一般呈胶体悬浮液,不溶于水,能溶于稀碱,某些成分能溶于酸。胡敏酸的缩合程度、分子量、交换量等均比富里酸高,且酸性较小,易凝聚,可增强土壤的吸收性能,促进团粒结构的形成,培肥土壤的作用较强。

土壤有机质的矿质化和腐殖化过程是两个相互对立而又相互联系的过程,也是土壤形成中最重要的过程。有意识地、合理地控制和调节土壤有机质的矿质化与腐殖化过程,可以保证养分的不断积累和持续供应,有利于改善土壤的理化性状,提高土壤肥力。

## 三、土壤有机质的转化条件

### (一)有机质的碳氮比(C/N)

碳氮比是有机质碳素总量和氮素总量的比例。土壤中的微生物是从分解有机质的过程中得到养分和能量的。微生物每吸收 1 份氮,必须同时吸收 5 份碳用以构成其体细胞,并消耗 20 份碳素作为生命活动的能源。因此,土壤微生物对有机残体均要求有一定的碳氮比(C/N),一般要求的 C/N 为 25∶1。当有机体的 C/N 小于或接近于 25∶1 时(豆科植物的 C/N 为 20∶1～30∶1),最有利于有机质的分解,土壤中不仅有充足的氮素供应,而且会有多余的氮素留给土壤供作物吸收。如果 C/N 大于 25∶1(如禾本科植物的 C/N 为 80∶1),微生物则会由于氮素不足,影响其正常的生命活动,不但有机质分解慢,而且会发生微生物与作物争夺土壤有效氮素的矛盾,造成土壤暂时缺氮,影响作物的生长。因此,对于碳氮比较大的有机残体,应补施富含氮素的物质,如人粪尿、氮肥等,可以降低碳氮比,加速有机残体的分解。

### (二)土壤环境条件

土壤通气状况影响有机质的转化速度和方向。通气良好时,有机质分解迅速而彻底,有利于速效养分的供应,但不利于腐殖质的累积,且易造成养分的流失。嫌气分解时,有机质分解慢而且不彻底,常形成许多中间产物(如各种有机酸)和还原产物,有机质的矿化作用弱,对作物的养分供应不利。因此,要使土壤中既有适当的有机质贮量,又能保证有效养分的供应,就必须保持一定的通气性,使好气分解与嫌气分解交替进行或同时并进。

土壤的水热状况对有机质的转化也起着重要作用。土壤湿度和温度会直接影响微生物的生命活动。一般最适宜微生物活动的土壤湿度为田间持水量的60%~80%,土壤温度为25~35 ℃,过高或过低都不利于有机质的分解。

此外,土壤的酸碱反应、气候条件、耕作、灌溉等措施,对有机质的转化也有明显影响,并且诸因素之间是互相联系、互相制约和综合起作用的。

## 四、土壤有机质的作用

### (一)有机质在土壤肥力上的作用

有机质在土壤肥力上的作用是多方面的,它的含量是衡量土壤肥力水平高低的一项重要指标。

**1. 提供植物需要的养分**

土壤有机质是作物所需的氮、磷、硫、微量元素等各种养分的主要来源。同时,在土壤有机质分解和合成过程中,产生的有机酸和腐殖酸对土壤矿质部分有一定的溶解能力,可以促进矿物风化,有利于养分的释放。

**2. 改善土壤肥力特性**

1)物理性质

土壤有机质,尤其是多糖和腐殖质在土壤团聚体的形成过程与稳定性方面起着重要作用。这些物质以胶膜形式包被在矿质土粒的外表。一方面,由于它们的黏结力比砂粒强,在砂性土壤中,增强了砂土的黏结性,促进团粒结构的形成。另一方面,它们松软、絮状、多孔,在黏性土壤中,黏粒被它们包被后,易形成散碎的团粒,使土壤变得比较松软而不再结成硬块。这说明土壤有机质能改变砂土的分散无结构状态和黏土的坚韧大块结构,使土壤的透水性、蓄水性、通气性及根系的生长环境有所改善。同时,由于土壤孔隙结构得到改善,导致水的入渗速度加快,从而可以减少水土流失。腐殖质具有巨大的比表面积和亲水基团,吸水量是黏土矿物的5倍,能改善土壤有效持水量,使得更多的水能为作物所利用。对农事操作来讲,由于土壤耕性变好,翻耕省力,适耕期长,耕作质量也相应地得到了提高。

腐殖质对土壤的热状况也有一定的影响。这是由于腐殖质是一种深色的物质,深色土壤吸热快,在同样日照条件下,其土温相对较高。

2)化学性质

腐殖质因带有正、负两种电荷,故可吸附阴、阳离子;其所带电性以负电荷为主,吸附的离子主要是 $K^+$、$NH_4^+$、$Ca^{2+}$、$Mg^{2+}$ 等。这些离子一旦被吸附后,就可避免随水流失,而且能随时被根系附近的 $H^+$ 或其他阳离子交换出来,供作物吸收,仍不失其有效性。从吸附阳离子的有效性来看,腐殖质与黏土矿物的作用一样,但单位质量腐殖质保存阳离子养分的能力,比矿质胶体大 20~30 倍。在矿质土壤中,腐殖质对阳离子吸附量的贡献占 20% ~ 90%,在保肥力很弱的砂性土壤中,腐殖质的这一作用显得尤为突出。因此,在砂性土壤上增施有机肥以提高其腐殖质含量,不仅增加了土壤中的养分含量,改善了砂土的物理性质,还能提高其保肥能力。

土壤中磷的有效性低主要是由于土壤对磷具有强烈的固定作用,而有机质能降低磷的固定作用,增加土壤中磷的有效性和提高磷肥的利用率,另外也能增加土壤微量元素的有效性。

腐殖酸是一种含有许多酸性功能团的弱酸,所以在提高土壤腐殖质含量的同时,还提高了土壤对酸碱度变化的缓冲性能。

此外,腐殖酸被证明是一类生理活性物质,它既能加速种子发芽,增强根系活力,促进作物生长,又能增强作物的抗旱能力。腐殖酸钠是某些抗旱剂的主要成分。试验表明,用腐殖酸(富里酸钠)喷施西瓜,能显著提高西瓜的甜度。对土壤微生物而言,腐殖酸也是一种促进其生长发育的生理活性物质。

总之,土壤腐殖质是构成土壤肥力最重要的物质基础,它是土中之宝,肥力的精华。有它地才健康,土才有劲,改土又培肥,通气又透水,保水又保肥。

### (二)有机质在生态环境上的作用

#### 1.有机质与重金属离子的作用

土壤腐殖质含多种功能基,这些功能基对重金属离子有较强的络合和富集能力。土壤有机质与重金属离子的络合作用对土壤和水体中重金属离子的固定及迁移有着极其重要的影响。胡敏酸可作为还原剂将有毒的 $Cr^{6+}$ 还原为 $Cr^{3+}$。$Cr^{3+}$ 能与胡敏酸中的羧基形成稳定的复合体,从而可限制动植物对其的吸收性。腐殖质还能将 $V^{5+}$ 还原为 $V^{4+}$、将 $Hg^{2+}$ 还原为 $Hg$、将 $Fe^{3+}$ 还原为 $Fe^{2+}$、将 $U^{6+}$ 还原为 $U^{4+}$。

#### 2.有机质对农药等有机污染物的固定作用

土壤有机质对农药等有机污染物有强烈的亲和力,对有机污染物在土壤中的生物活性、残留、生物降解、迁移和蒸发等过程有重要的影响。

可溶性腐殖质能增加农药从土壤向地下的迁移,富里酸有较低的分子量和较高的酸度,比胡敏酸更可溶,能更有效地迁移农药和其他有机物质。腐殖质还能作为还原剂改变农药的结构,这种改变因腐殖质中羧基、酚羟基、醇羟基、杂环、醌等的存在而加强。一些有毒有机化合物与腐殖质结合后,其毒性降低或消失。

#### 3.土壤有机质对全球碳平衡的影响

土壤有机质也是全球碳平衡过程中非常重要的碳库。据估计,全球土壤有机质的总碳量为 $14 \times 10^{17}$ ~ $15 \times 10^{17}$ g,是陆地生物总碳量($5.6 \times 10^{17}$ g)的 2.5 ~ 2.7 倍。而每年因土壤有机质分解释放到大气中的总碳量为 $68 \times 10^{15}$ g,全球每年因焚烧燃料释放到大气中的碳远低得多,仅为 $6 \times 10^{15}$ g,是土壤呼吸作用释放碳的 8% ~ 9%。可见,土壤有机质的损失对地球自然环境具有重大影响。从全球来看,土壤有机碳水平的不断下降,对全球气候变化的影响将不亚于人类活动向大气排放的影响。

### 五、增加土壤有机质是培肥土壤的重要环节

明确了腐殖质是土中之宝,我们就应该想尽办法来增加土壤有机质。

#### (一)大量施用有机肥

施用有机肥以提高土壤有机质含量是我国劳动人民在长期的生产实践中总结出来的宝贵经验。主要的有机肥源包括粪肥、厩肥、堆肥、饼肥、鱼肥、蚕砂、河泥等,其中粪肥和厩肥是普遍使用的有机肥料。实践证明,长期使用有机肥,可使土壤熟化程度提高,土壤肥力壮而不衰,是农业可持续发展的重要措施。

#### (二)种植绿肥

种植绿肥是培肥土壤、提高产量的有效措施。我国北方主要有以下两种方式:

(1)休闲绿肥。主要是在麦茬夏闲或秋茬冬闲期间种植绿肥,如田菁、柽麻、草木樨和越冬毛苕子等。

(2)粮肥间套。主要是在冬前、早春或夏季于麦地间套毛苕子、草木樨等。南方种植绿肥较为普遍,如水稻与紫云英轮作。

#### (三)秸秆还田

秸秆直接还田是增加土壤有机质和提高作物产量的一项有效措施。一般是将作物秸秆切碎,不经堆腐直接翻入土壤。在进行秸秆还田时,要注意适当添加速效氮肥,以避免微生物和作物竞争土壤有效氮素,影响作物生长发育。

此外,城市近郊农民,还可用城市生活污水和生活垃圾堆制垃圾肥。一些农产品加工厂的废渣和食品工业的废弃物,都是很好的有机肥来源。

# 第三节　土壤胶体

土壤胶体不仅影响土壤的结构、耕性、酸碱反应等,而且直接与土壤养分的保存、积累及对作物的供应情况密切相关,对提高土壤肥力具有重要意义。

### 一、土壤胶体的概念与种类

胶体是指一种或多种物质以极细(颗粒直径一般在 1～100 nm 范围内)的分割状态分散在另一种物质中的两相或多相体系。土壤是一种多元的分散系,因此凡土壤中 1～100 nm 的微细土粒(即胶粒)分散在微粒间溶液(土壤溶液)所组成的体系,就是土壤胶体。

土壤胶体按其成分和来源的不同可分以下几种:

(1)无机胶体。主要是土壤中极微小的黏粒部分,包括成分简单的非晶质的次生含水氧化铁(如褐铁矿 $Fe_2O_3 \cdot 3H_2O$)、含水氧化铝(如水铝石 $Al_2O_3 \cdot H_2O$)、含水氧化硅(如 $SiO_2 \cdot H_2O$)及次生硅铝酸盐等黏土矿物(如高岭石、蒙脱石及伊利石)。

(2)有机胶体。主要是土壤腐殖质(胡敏酸、富里酸、胡敏素等),它含有羧基、羟基、甲氧基和酚羟基等多种功能团,在土壤中具有独特的作用。

（3）有机无机复合胶体。土壤中的无机胶体和有机胶体很少单独存在，它们大多相互结合成有机无机复合胶体。这是因为在腐殖质中存在着活泼的功能团，在黏土矿物的表面也存在着许多活泼的原子团或化学键，在它们之间必然会产生物理的、化学的或物理化学作用，通过机械混合、非极性吸附和极性吸附，将两者结合在一起，形成多种性质不同的有机无机复合胶体，从而提高了土壤保肥能力。我国劳动人民在长期实践中，充分体会到有机无机复合胶体的重要性，土肥相融就是加速有机无机复合胶体形成的重要措施。

## 二、土壤胶体的特性

### （一）土壤胶体有巨大的表面能

当物质由粗粒分割为细粒时，它的总表面积和比表面积（面积/体积，或面积/质量）将随其颗粒不断变细而迅速增加。以球形颗粒为例，可以看出不同粗细颗粒总表面积的巨大差别（见表 2-9）。

表 2-9　球体大小与总表面积的关系

| 球体直径（cm） | 相应的土壤粒级 | 总表面积（cm²） |
| --- | --- | --- |
| 1 | 粗砾 | 3.14 |
| 0.1 | 粗砂粒 | 31.42 |
| 0.05 | 细砂粒 | 62.83 |
| 0.01 | 粗粉粒 | 324.16 |
| 0.002 | 细粉粒 | 1 570.80 |
| 0.000 2 | 粗黏粒 | 15 708.00 |
| 0.000 1 | 细黏粒 | 31 416.00 |

从表 2-9 可以看出，粗砂粒和细黏粒总表面积相差达 1 000 倍，而土壤中很多黏土矿物的粒径比 0.000 1 cm 还小，其总表面积相差可以达到 10 000 倍以上。

粗细不同的颗粒在许多性质（如持水性、黏结性、黏着性、可塑性等）上有很大的差异，这些性质变化主要是由于土壤胶粒具有巨大的表面积，从而具有巨大的表面能所致。任何物体的分子之间都具有相互吸引的力，处于物质内部的分子受四周分子的同等引力，因而受力是均衡的，而处于物体表面上的分子所受的各方面的力却不一样，因此产生了力场不均衡的情况。就土壤黏粒而言，黏粒表面分子接触的是土壤溶液或土壤空气，因而受力不均，致使表面分子具有一定的能量，称为表面能。表面能是决定土壤吸收性的重要因素之一。土壤愈细，胶粒愈多，表面积愈大，表面能也愈大，吸收性能也就愈强。

土壤胶体具有巨大的表面积，不仅在于其颗粒极细，而且因为胶体的主要成分——硅铝酸盐等膨胀性黏土矿物具有层状构造，因而它还具有极大的矿物层间内表面，这对土壤的各种性质也有显著的影响。

### （二）土壤胶体的带电性

自然界的土壤通常都同时带有正电荷和负电荷。但一般情况下，除少数土壤在强酸性条件下可能显现正电荷外,大多显现负电荷。

由于土壤胶体的种类和特性不同,其产生电荷的原因也不一样。一般认为有下列几种情况:

(1)同晶置换作用。黏粒矿物在形成过程中,矿物晶格中的离子可以被半径相近而原子价不同的其他离子所替代,且不破坏其晶形构造,这种作用称同晶置换作用。由于同晶置换作用产生于黏粒晶格的内部,所以这种电荷一旦产生就具有永久不变的性质,它不再随液相介质 pH 值的变化而改变,通常称为永久电荷或内电荷。

(2)胶体表面分子的解离。胶粒表面分子因与介质(如土壤溶液)之间发生化学作用而解离。解离后其中一种离子牢固地吸附在胶粒表面,而另一种离子则扩散到介质中去。如含水氧化硅($SiO_2 \cdot H_2O$)胶体外层的硅酸分子解离出 $H^+$,而 $HSiO_3^-$ 和 $SiO_3^{2-}$ 则留在胶粒表面,使其带负电荷。

有机胶体腐殖质含有羧基、羟基、酚羟基等,当解离出 $H^+$ 后,$—COO^-$ 及 $—O^-$ 等留在胶粒表面,而使其带负电荷。

可见,含水氧化硅胶体与有机胶体表面分子的解离,均与介质的 pH 值有密切关系。土壤溶液愈偏碱性,它们的解离度愈大,所带的负电荷愈多,即胶体带电荷的数量随介质的 pH 值增大而增多。

但是,土壤中也有一些胶体在某些条件下会解离出 $OH^-$ 而使其带正电荷,如含水氧化铁和氧化铝胶体,在酸性条件下,胶体表面解离出 $OH^-$,从而使胶体带正电荷。pH 值愈低,所带正电荷数量愈多,而在碱性条件下则又可带负电荷。因此,这类胶体也叫两性胶体,如含水氧化铝($Al_2O_3 \cdot H_2O$)。

通常,将解离出 $H^+$ 而带负电荷的胶体称为酸胶基,将解离出 $OH^-$ 而带正电荷的胶体,称为碱胶基。土壤中很多胶体都存在着两种胶基,在不同的 pH 值时,或解离 $H^+$ 而带负电荷,或解离 $OH^-$ 而带正电荷。一般情况下,土壤中的酸胶体多于碱胶体,故土壤胶体经常带有负电荷。

(3)晶格断裂。矿物在风化过程中,由于晶体的晶格破裂,晶体边角上的断键增加而产生游离电荷。有人认为,因为晶格破裂断键产生游离电荷的数量随矿物的破碎程度而增加,所以通常在高岭石中这种电荷所占的比例较大。有机胶体也可以由碳键断裂而产生游离电荷。

胶体表面分子解离和晶格断裂等方式产生的电荷,一般以带负电荷为主,但不是永久不变。其电荷数量和性质,前者常随液相介质的 pH 值而变化,后者则随矿物的风化破碎程度而变化,所以又称为可变电荷。

### (三)土壤胶体的凝聚和分散作用

土壤胶体有两种不同的状态:一是胶体微粒均匀分布在水中成为胶体溶液状态,称为溶胶;二是胶体微粒彼此相互凝聚在一起,呈无定型絮状的沉淀,称为凝胶。由溶胶变成凝胶的作用,叫做胶体的凝聚作用;反之,由凝胶分散成溶胶的作用,叫做胶体的分散作用。

胶体之所以能以溶胶状态存在,是由于胶粒的带电性和胶粒表面存在水膜。带有相同电荷,使胶粒互相排斥;水膜的存在,能妨碍胶粒相遇时互相黏结凝聚。因此,在土壤中加入电解质或提高电解质浓度以中和胶粒电性,或减少土壤水分,使胶粒表面的水膜变薄等,都能使胶粒相互黏结发生凝聚作用。

因为一般土壤中阴性胶体占优势,所以给土壤加阳离子时,能促进胶体凝聚。阳离子所引起凝聚作用的大小,取决于各种阳离子价数、离子半径和水膜的厚度。一般情况下,离子价数和离子半径愈大、水膜厚度愈小,它所产生的凝聚力愈强。土壤中常见的阳离子按其凝聚力的大小排列的顺序是:$Fe^{3+} > Al^{3+} > Ca^{2+} > Mg^{2+} > K^+ > NH_4^+ > Na^+$。

胶体凝聚作用的强弱与电解质的浓度也有密切的关系,溶液中电解质必须达到一定浓度才能发生凝聚作用,并且浓度愈大,凝聚作用愈强。

综上所述,土壤胶体表面能巨大,使土壤具有一定的物理吸收作用;土壤胶体带有电荷,使土壤具有离子交换吸收作用,对保蓄养分有巨大作用;土壤胶体的凝聚性,有助于土壤结构的形成。

# 小　结

岩石风化变成粗细不同的矿物质颗粒。一般将土粒按粒径大小和性质的差异分为石砾、砂粒、粉粒、黏粒四大粒级,不同的粒级组合构成了土壤质地。土壤质地可分为砂土、壤土、黏土三大类,不同质地土壤的肥力性状差别很大,在农业上的利用也不同。质地过砂或过黏均对作物生长不利,应采取相应的改良措施。

有机质是土壤的重要组成部分。尽管土壤有机质只占土壤质量的很小一部分,但它在提高土壤肥力、环境保护和农业可持续发展等方面都有很重要的作用及意义。土壤有机质主要来源于植物残体和根系,以及施入的各种有机肥料,工农业生产和生活的废水、废渣等,土壤中的微生物和动物也提供了一定量的有机质。增加土壤有机质是培肥土壤的重要环节。

凡土壤中1～100 nm的微细土粒(即胶粒)分散在微粒间溶液(土壤溶液)所组成的体系,就是土壤胶体。土壤胶体按其成分和来源的不同可分为无机胶体、有机胶体、有机无机复合胶体三大类。土壤胶体表面能巨大,使土壤具有一定的物理吸收作用;土壤胶体带有电荷,使土壤具有离子交换吸收作用,对保蓄养分有巨大作用;土壤胶体的凝聚性,有助于土壤结构的形成。

# 复习思考题

1.比较下列几种土壤的水、肥、气、热状况:①黏质土;②壤质土;③砂质土;④上为砂质土(厚约20 cm),下为黏质土(厚约60 cm),农民叫蒙金土或砂盖黏;⑤上黏层(厚约20 cm),下砂层,农民叫筛子地或黏盖砂;⑥土壤砂黏层次相间重叠(砂层厚约15 cm,黏层厚约 5 cm);⑦土壤下有砂砾层(表土不到 30 cm,砂砾层 50 cm 以上),农民叫旱龙道。农民喜欢哪些土壤?如何改良?

2. 已测得某土壤砂粒含量为 14%,粉粒含量为 22%,黏粒含量为 64%,用国际制土壤质地分类标准,查出质地名称。

3. 土壤有机质对土壤肥力有何贡献?

4. 增加土壤有机质的方法有哪些?

5. 什么是土壤胶体? 简述土壤胶体的特性。

# 第三章 土壤基本性质

**学习目标**

1. 理解土粒密度、土壤干密度和土壤孔隙度的概念。
2. 了解常见土壤结构的类型、特征和改良方法。
3. 理解团粒结构的肥力特点和培育措施。
4. 了解土壤保肥性能的概念、类型和特点。
5. 了解土壤酸碱性和缓冲性。
6. 了解土壤气热状况。

# 第一节 土壤的孔隙性与结构性

## 一、土壤的孔隙性

土壤中土粒或团聚体之间及团聚体内部都有大小不一、弯弯曲曲、形状各异的孔洞，称为土壤孔隙。土壤孔隙性通常包括孔隙度（孔隙数量）和孔隙类型（孔隙的大小及比例）两方面内容。前者决定土壤气、液两相的总量，是一种度量指标；后者关系着气、液两相的比例，反映土壤协调水分和空气的能力。土壤孔隙度无法直接测定，一般根据土粒密度和土壤干密度两个参数间接计算出来。

### （一）土粒密度、土壤干密度和土壤孔隙度

**1. 土粒密度**

单位容积固体土粒（不包括孔隙容积）的干质量（$g/cm^3$）叫做土粒密度。以前曾称之为土壤比重或土壤真比重。由于一般土壤有机质含量很低，土粒密度数值大小主要取决于土壤的矿物组成，多数土壤矿物的密度为 $2.6 \sim 2.7\ g/cm^3$，所以土粒密度常取 $2.65\ g/cm^3$。

**2. 土壤干密度**

田间状态下，单位容积土体（包括孔隙容积）的干质量（$g/cm^3$ 或 $t/m^3$）称为土壤干密度。以前曾称之为土壤容重或土壤假比重。土壤干密度数值大小与土壤质地、结构、有机质含量、松紧度等有密切关系，同时还受耕作、施肥、灌溉等因素的影响。因此，土壤干密度不是常数，而是经常变化的，尤其是耕作层的土壤干密度变化较大，而底土层的土壤干密度比较稳定。

土壤干密度值一般为 $1.0 \sim 1.5\ g/cm^3$。自然沉实后的表土为 $1.25 \sim 1.35\ g/cm^3$，刚翻耕的农地表层和泡水软糊的水田耕层的土壤干密度可降至 $1.0\ g/cm^3$ 以下。大型机具压实的表土及自然堆积紧实的底土，土壤干密度为 $1.4 \sim 1.6\ g/cm^3$。

土壤干密度值的用途很多,主要有以下几方面:

(1)判断土壤的松紧度(见表3-1)。

表3-1　土壤松紧度与干密度和孔隙度的关系

| 松紧度 | 干密度(g/cm$^3$) | 孔隙度(%) |
| --- | --- | --- |
| 最松 | <1.00 | >60 |
| 松 | 1.00～1.14 | 60～56 |
| 适合 | 1.14～1.26 | 56～52 |
| 稍紧 | 1.26～1.30 | 52～50 |
| 紧 | >1.30 | <50 |

(2)计算农地土壤质量。如 1 hm$^2$ 的耕层,厚 0.2 m,土壤干密度为 1.25 g/cm$^3$(即 1.25 t/m$^3$),则其土壤质量为

$$10\ 000\ \text{m}^2 \times 0.2\ \text{m} \times 1.25\ \text{t/m}^3 = 2\ 500(\text{t})$$

(3)估算土壤各种成分储量。根据土壤干密度算出土壤质量后,再按土壤各种成分(有机质、可溶性盐、各种养分、某种污染物等)的含量来计算该成分在一定土体中的储量。例如,上例中土壤全氮量为 0.75 g/kg(按土壤质量计),则该农地耕层土壤氮的储量为

$$2\ 500\ \text{t/hm}^2 \times 0.75\ \text{g/kg} \times 10^{-3} = 1.875(\text{t/hm}^2)$$

(4)计算土壤储水量(详见第四章第二节)。

(5)计算土壤孔隙度。

**3. 土壤孔隙度(土壤孔度)**

单位容积土壤孔隙所占的百分数称土壤孔隙度。它是衡量土壤孔隙的数量指标,一般是通过土粒密度和土壤干密度来计算。其计算公式为

$$土壤孔隙度(\%) = \left(1 - \frac{土壤干密度}{土粒密度}\right) \times 100\%$$

例如,测得某土壤的土粒密度为 2.65 g/cm$^3$,土壤干密度为 1.32 g/cm$^3$,则其孔隙度为

$$土壤孔隙度(\%) = \left(1 - \frac{1.32}{2.65}\right) \times 100\% = 50.2\%$$

土壤孔隙度的大小受质地、结构、有机质含量和耕作、施肥、灌溉等人为措施的影响而变化。一般砂土的孔隙度为 35%～45%;壤土为 45%～52%;黏土为 45%～60%;结构良好的表土层为 55%～60%;而紧实的底土可低至 25%～30%;有机质多的土壤孔隙度大,如泥炭土可高达 80%。

**(二)土壤孔隙类型**

土壤孔隙度只能反映土壤孔隙"量"的问题,并不能说明土壤孔隙"质"的差别。即使两种土壤的孔隙度相同,如果大小孔隙的数量分配不同,则它们的保水、透水、通气及其他性质也会有显著的差异。黏重的土壤,孔隙度大,但小孔隙占优势,通气透水不良,水分和空气移动缓慢,其他各肥力因素也难以充分发挥作用。砂性土壤则相反,虽然孔隙度小,但大孔隙有足够的数量,通气透水性好,而保水能力差,水分下渗快,土壤易受旱。土壤孔

隙按其孔径大小和性质,通常分为通气孔和毛管孔两种类型。

**1. 通气孔和通气孔度**

这类孔隙平时不能持水而经常充满空气,并成为通气、透水的通道,所以叫做通气孔或大孔隙。

通气孔的多少直接影响土壤通气能力和排水性能。通气孔的数量以通气孔度表示。通气孔度是指土壤中通气孔容积占土壤容积的百分数。

**2. 毛管孔和毛管孔度**

土壤中依靠毛管力保持水分的孔隙,称为毛管孔或小孔隙。水分不仅能借助于毛管力保持在其中,并能靠毛管力向上下左右各个方向移动,供给植物吸收利用。

土壤中毛管孔的数量用毛管孔度表示。毛管孔度是指土壤中毛管孔的容积占土壤容积的百分数。通常把在田间持水量(见第四章第二节)条件下,被悬着毛管水和束缚水所占据的孔隙,叫毛管孔;而这里未充水的大孔隙则是通气孔。

$$毛管孔度(\%) = 田间持水量(质量\%) \times 土壤干密度$$
$$通气孔度(\%) = 土壤孔隙度(\%) - 毛管孔度(\%)$$

这里的毛管孔实际上包括非活性孔(无效孔)和毛管孔两类。

实践证明,一般作物生长适宜的孔隙指标为:表层土壤(0~15 cm)的总孔隙度为50%~60%,其中通气孔度为15%~20%;底层土壤(15~30 cm)为50%和10%,即达到上松下紧(上虚下实)。华北平原的蒙金土就是上层质地疏松,通气孔隙适量,有利于通气透水和种子萌发;下层质地较紧实,毛管孔隙多,有利于保水保肥和根系扎稳。

## 二、土壤的结构性

### (一)土壤结构的概念

土壤结构是土粒(单粒和复粒)的排列、组合形式。这个概念包含两重含义,即结构体和结构性。自然界土壤颗粒很少单独存在(砂土除外),一般是土粒互相排列和团聚成为一定形状和大小的土团、土块或土片,农学上称这些团聚体为土壤结构体。土壤结构性是由土壤结构体的种类、数量及结构体内外的孔隙状况等产生的综合特性。

### (二)土壤结构体的类型、特征及其改良

土壤结构体的类型,通常是根据结构体的大小、形状及其肥力特征来划分的。有些结构对作物生长不利,农业上称为不良的结构体,须加以改良;有些则有利,称为良好的结构体。常见的土壤结构体有下列几种(见图3-1)。

**1. 块状和核状结构体**

土粒相互黏结成不规则的土块,内部紧实,为长、宽、高大体相等的立方体形,大的直径大于10 cm,小的直径为5~10 cm,北方农民称为土坷垃。直径小于3 cm的为碎块状结构。这类结构在土质偏黏而又缺乏有机质的表土中常见,特别是土壤过湿或过干耕作最易形成。

块状结构是一种不良的结构,土体紧,孔隙小,通透性很差,微生物活动微弱,植物根系也难以穿插进去,而在土块与土块之间,则相互支撑,增大了孔隙,造成透风跑墒,作物易受干旱和冻害。同时,还会压苗或架空,对作物出苗和生长极为不利,群众有"麦子不

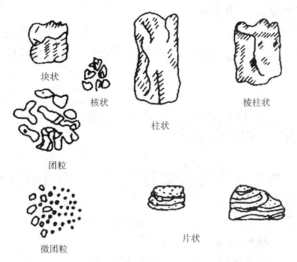

块状　核状　棱柱状　柱状　团粒　片状　微团粒

**图 3-1　土壤结构体类型示意图**

怕草,就怕坷垃咬"的谚语。但盐碱地上的土坷垃可使苗全苗壮,故亦有"盐碱坷垃孩子妈"之说。碎块状结构的性状比块状结构好,对作物生长较有利。

消灭土坷垃的办法一般为适时耙糖或冻融作用使之破碎,但改良的根本办法是增加土壤有机质含量、改良土壤质地以及宜耕期耕作。

在黏重的心底土层,常常见到多棱角的碎块,是由石灰或氢氧化铁胶结而成的,内部十分紧实,称为核状结构体,俗称蒜瓣土。

2. **片状结构体**

这类结构形状扁平,如薄片状,致密紧实,俗称卧土或横土,是由于水的沉积或机械压力所引起的。例如,老耕地的犁底层,华北平原的黏夹层,地表结皮和板结等属于片状结构体。旱地犁底层过厚,影响扎根和上下层水、气、热的交换及下层养分的利用,对作物生长不利。对于水稻土来说,具有一定透水率的犁底层很有必要,它可起到减少水分渗漏和托水、托肥的作用。水旱轮作、逐年加深耕层,并结合使用有机肥是改造犁底层的良好办法。雨后或漫灌后形成的地表结皮(一般厚 1~2 mm)和板结(一般厚 3~5 mm),也有厚为几个厘米的,不利于通气透水和种子萌发、幼苗出土,可通过及时中耕予以破除。

3. **柱状和棱柱状结构体**

土粒黏结成长方体,直立为柱,前者柱面浑圆,后者棱角明显。常见于黏重土壤、黄土地区的心底土层和碱土的碱化层,是由于干湿交替频繁形成的,群众称之为立土。这种结构体坚硬紧实,内部孔隙少,根系难以伸入,通气不良;结构体之间常出现大裂缝,会漏水漏肥。可采取逐步加深耕层,结合施有机肥的办法加以改良。

4. **团粒结构体**

团粒结构体是指在腐殖质作用下形成的近似球形较疏松多孔的小土团,自小米粒至蚕豆粒般大小,其粒径为 0.25~10 mm,粒径 <0.25 mm 的则称为微团粒。团粒结构体一般在耕层较多,北方农民称为蚂蚁蛋、米糁子等。团粒结构的数量多少和质量好坏,在一定程度上反映了土壤肥力水平。水稳性团粒(遇水不散开的团粒)对农业生产最有好处。

### (三)团粒结构对土壤肥力的作用

团粒结构较多的土壤,能协调水、肥、气、热诸肥力因素,耕作管理也较省力,有利于作物根系伸展;反之,非团粒结构的土壤各肥力因素不协调,耕作管理比较费力,不利于作物生长。团粒结构的优越性,可从以下几方面来说明。

**1. 大、小孔隙兼备**

团粒结构较多的土壤,不仅孔隙度高,而且大、小孔隙比例适当,大孔隙可通气透水,小孔隙可保水保肥,为优化肥力功能奠定了基础。

**2. 水、气矛盾协调**

团粒之间的大孔隙是良好的通气透水通道,可把大量雨水和灌溉水迅速吸入土壤。团粒内部的小孔隙保持水分的能力强,起着"小水库"的作用。水分、空气在土壤里各得其所,协调了水、气矛盾。具有团粒结构的土壤,还可减少水分蒸发损失,这是因为表层土壤的团粒干燥、收缩,与下面团粒脱离,使毛管中断,形成隔离层或保护层,减少了水分向地表移动而产生的蒸发损失。农谚"锄头底下有水",就是群众通过锄地,造成上虚下实的保护层,巧妙地减少了土壤水分蒸发。

**3. 保肥与供肥协调**

团粒之间氧气充足,好气性微生物活动旺盛,有机质分解快,养分转化迅速,供肥能力强;团粒内部水多气少,适宜嫌气性微生物活动,有机质分解缓慢,有利于养分的贮存和积累,起着"小肥料库"的作用。

此外,团粒结构的土壤,土温稳定,耕性好,作物根系穿插容易。

总之,孔隙状况适宜可使土壤肥力因素协调,使作物"吃饱喝好住得舒服",团粒结构可谓土壤水、肥、气、热的良好"调节器"。

### (四)创造良好土壤结构的措施

**1. 精耕细作、增施有机肥料**

我国有精耕细作和施用有机肥料的传统。在耕作方面,通过伏耕晒垡,冬耕冻垡,以及根据季节和土壤水分状况进行适时耙、耱、锄地等,都能改善土壤结构状况。深耕结合连年施用有机肥,有利于土肥相融,促进水稳性团粒的形成。另外,因地制宜采用留茬覆盖和少(免)耕配套技术,是保护土壤结构的一项行之有效的措施。

**2. 合理轮作倒茬、扩种绿肥及牧草**

一般来讲,一年生或多年生的禾本科牧草或豆科作物,生长健壮,根系发达,都能促进土壤团粒的形成。同时,秸秆还田、种植绿肥、粮食作物与绿肥作物轮作、水旱轮作等也都有利于土壤团粒的形成。

**3. 合理灌溉、施用石膏或石灰**

大水漫灌容易破坏土壤结构,使土壤板结。应采用喷灌、滴灌、微灌等先进、科学的灌水方法。

碱性土施用石膏,酸性土施用石灰,不仅能降低土壤酸碱度,而且具有改善土壤结构的效果。

**4. 土壤结构改良剂的应用**

土壤结构改良剂对改善土壤结构、固定砂丘、保护堤坡、防止水土流失、工矿废弃地的重新利用及城市绿化建设具有明显作用。按其原料的来源,可分成天然(腐殖质制剂)、人工合成(高分子聚合物)和无机(矿物质制剂)三类土壤结构改良剂。由于天然土壤结构改良剂容易被微生物分解,而且用量大,很难在生产上广泛应用。人工合成的土壤结构改良剂不容易被微生物分解,用量少,效果好。随着我国高分子合成工业的日益发展,土壤结构改良剂的应用必将成为一项有效的快速改良土壤结构的措施。

# 第二节　土壤保肥性能

## 一、土壤保肥性能的概念

在 2 000 多年前的罗马,有位名叫鲁克列齐的诗人,他在长诗《物质的自然界颂》中,记载了海水经过土层几次过滤,咸味就逐渐变淡了的现象。从那以后,许多科学家的试验也发现了这个奇怪的现象。为什么苦咸的海水经过土层的几次过滤之后会变成淡水呢?这个谜一直到 1850 年才被英国科学家魏(J. Thomas. Way)揭开。魏的试验证明了土壤具有一种吸收阳离子的能力。

我国劳动人民在长期生产实践中,很早就发现了土壤具有吸收和保存作物养分的能力。比如,在地里施用粪尿后,随即盖土,臭味就可以减轻或消失;污水通过土层就可以变清。土壤具有的吸收和保存分子态、离子态或气态、固态养分的能力和特性,称为土壤保肥性能,也叫土壤吸收性能。

## 二、土壤保蓄养分的方式

### (一)机械吸收作用

这是指具有多孔体的土壤对进入土体的固体颗粒的机械截留作用。如有机残体、粪便残渣和磷矿粉等,主要靠这种截留作用保存在土壤中。新开稻田容易漏水漏肥,耕种几年后,孔隙被堵塞,保水保肥性能就会改善。不过这种吸收作用只能保存不溶性物质,而不能保存可溶性物质,所以不是土壤保肥的主要方式。

### (二)物理吸收作用(分子吸附作用)

这是指土壤对分子态养分的保存能力。由于土壤胶体有巨大的表面能,能吸附分子态养分。生产上土盖粪堆、细土垫圈,可以吸收尿液和氨气分子,就是运用的物理吸收原理。尿素施入土壤,部分也是靠分子吸附作用来保存的。但这种吸收能力有限,不能作为土壤保肥的主要方式。

### (三)化学吸收作用

这是指土壤溶液中的一些可溶性养分与土壤中另一些物质起化学反应后,生成难溶性的化合物而沉淀保存于土壤中。例如,水溶性磷肥(过磷酸钙)施于石灰性土壤中,生成难溶性的磷酸钙沉淀;施于酸性土壤中,与铁、铝离子结合生成磷酸铁、磷酸铝沉淀。化学吸收作用的实质是养分的固定作用,虽能保蓄养分,免遭淋失,但却大大降低了养分的有效性。这是一种利少弊多的保肥作用,应设法加以避免。在某些情况下,化学吸收还具有特殊意义,能吸收有毒物质,减少土壤污染。

### （四）生物吸收作用

这不是土壤本身的吸收作用,而是植物和生活在土壤里的微生物,对养分的吸收、保存和将其积累在生物体中的作用。当生物死亡后,所吸收的养分又释放到土壤中,可供下一代植物吸收利用。生物吸收具有以下特点:①选择性。生物根据自身的需要,有选择地从土壤中吸收某些养分。②表聚性。深根性植物可将下层分散的养分吸收集中到土壤表层。③创造性。典型例子是生物的固氮作用,使土壤中的氮素从无到有、从少到多。生物的这种吸收作用,无论是对自然土壤还是农业土壤的肥力发展都具有非常重要的意义。人们常常利用它来改良土壤,养地培肥,如轮作倒茬、种植绿肥等。

### （五）物理化学吸收作用（离子交换吸收作用）

这是指土壤对可溶性物质中的离子态养分的吸收保存作用。由于土壤胶体一般带负电荷,可以把土壤溶液中带正电荷的阳离子吸附在胶体表面,这些被吸附的阳离子又可与土壤溶液中的阳离子互相交换,重新进入土壤溶液,供作物吸收利用。这一作用以物理吸收为基础,而又呈现与化学反应相似的特性,所以称之为物理化学吸收作用或离子交换吸收作用。通过离子交换吸收作用,既可吸收保存养分,又可释放供应养分,所以这种吸收作用对土壤养分保存、供应和提高肥力有重要意义,是土壤保肥最重要的方式。

生产上改良土壤质地(砂掺黏)、增施有机肥料是提高土壤保肥能力的有效措施。

# 第三节 土壤的离子交换作用

## 一、土壤的阳离子交换作用

### （一）土壤阳离子交换作用特点

通常带负电荷的土壤胶体表面吸附许多阳离子,这些阳离子能与土壤溶液中的阳离子进行交换,此即阳离子交换作用。

阳离子交换作用具有以下几个特点:

(1)可逆反应。即被土壤胶体吸收的任一阳离子,在适当的条件下,都能重新被交换到土壤溶液中去,并且能很快达到相对的平衡。

(2)等物质量交换。如一个二价的钙离子可以交换两个一价的钾离子。

(3)受质量作用定律支配。交换能力弱的离子,在提高浓度以后,也可以交换出交换能力强但浓度较小的离子。例如,通过施用石灰,可以增加钙离子的浓度,把氢离子交换出来,达到改良酸性土壤的目的。

离子交换能力的大小,主要取决于离子的电荷价、离子的半径及水化程度等(见表3-2)。电荷价愈高,离子受胶体电性吸持力愈大,交换力也愈强,所以离子的交换能力是三价 > 二价 > 一价。同价离子则依其半径与水化程度而不同,同价离子半径大的,电荷密度小,电场强度弱,因而水化能力弱,即水化膜薄,离子水化半径就小,所以易接近胶粒,交换能力强,离子半径小的则相反。土壤中常见的阳离子交换能力顺序如下:$Fe^{3+} > Al^{3+} > H^+ > Ca^{2+} > Mg^{2+} > K^+ > NH_4^+ > Na^+$。其中,$H^+$因半径极小,且运动速度快,很少被水化,以致交换能力比钙、镁等离子还强。

表 3-2　离子半径及水化程度与交换力顺序

| 离子 | 原子价 | 原子量 | 离子半径（$10^{-10}$ m） | | 交换力顺序 |
| --- | --- | --- | --- | --- | --- |
| | | | 未水化 | 水化 | |
| $Na^+$ | 1 | 23.00 | 0.98 | 7.90 | 6 |
| $NH_4^+$ | 1 | 18.01 | 1.43 | 5.32 | 5 |
| $K^+$ | 1 | 39.10 | 1.33 | 5.37 | 4 |
| $Mg^{2+}$ | 2 | 24.32 | 0.78 | 13.30 | 3 |
| $Ca^{2+}$ | 2 | 40.08 | 1.06 | 10.0 | 2 |
| $H^+$ | 1 | 1.008 | — | — | 1 |

### （二）土壤阳离子交换量与盐基饱和度

土壤阳离子交换量是指在中性条件下,单位质量土壤中所吸收的阳离子总量,通常以 100 g 干土吸收的阳离子毫摩尔来表示,即 mmol/100 g（土）。阳离子交换量的大小,反映了土壤保持有效养分的能力,因此与土壤肥力关系甚大。一般来说,交换量在 20 mmol/100 g （土）以上的为保肥力强的土壤,10 ~ 20 mmol/100 g（土）为保肥力中等的土壤,小于 10 mmol/100 g（土）为保肥力弱的土壤。交换量小的土壤保肥供肥性差,速效性化肥的施用应掌握少量多次的原则,以免养分淋失。

各种土壤的阳离子交换量是不同的,主要取决于土壤质地和土壤中胶体的种类、数量 （见表 3-3、表 3-4）。土壤含胶体愈多、土粒愈细,其交换量愈高。同时还受胶体类型及性质的影响,有机胶体带电量高,其交换量可高达 300 ~ 500 mmol/100 g（土）,远远大于矿物胶体,矿物胶体中的蒙脱石、水化云母等的交换力又大于高岭石及含水氧化铁、铝等的交换力。我国东北地区的黑土,不但有机质含量高,而且其黏土矿物组成中以蒙脱石、水化云母为主,所以阳离子交换量大,一般在 50 mmol/100 g（土）以上;而南方土壤以高岭石和含水氧化铁、铝为主,有机质少,又多属酸性反应,故阳离子交换量低,华南红壤的阳离子交换量甚至低到 1.78 mmol/100 g（土）。

表 3-3　不同土壤质地的交换量　　　　（单位:mmol/100 g（土））

| 土壤 | 砂土 | 砂壤土 | 轻壤土 | 中—重壤土 | 黏土 |
| --- | --- | --- | --- | --- | --- |
| 交换量 | 1 ~ 2 | 3 ~ 5 | 7 ~ 8 | 15 ~ 18 | 25 ~ 30 |

表 3-4　不同种类胶体的交换量（平均值）　　　（单位:mmol/100 g（土））

| 种类 | | 一般范围 | 平均 |
| --- | --- | --- | --- |
| 无机胶体 | 微晶高岭石 | 60 ~ 100 | 80 |
| | 含水云母 | 20 ~ 40 | 30 |
| | 高岭石 | 5 ~ 15 | 10 |
| | 含水氧化铁、铝等胶体 | 极微 | — |
| 有机胶体 | | 150 ~ 700 | 300 ~ 400 |

土壤胶体上吸收的阳离子可分为两类:一类是致酸离子 $H^+$ 和 $Al^{3+}$;另一类是盐基离子,如 $Ca^{2+}$、$Mg^{2+}$、$K^+$、$Na^+$、$NH_4^+$ 等。阳离子交换量包括这两类离子的总量。但从土壤肥力因素来看,只有盐基离子才对土壤肥力有效。当土壤胶体吸收的阳离子都是盐基离子时,土壤呈盐基饱和状态,这种土壤叫盐基饱和土壤,呈中性或碱性反应。当土壤胶体上吸收的阳离子中有一部分是 $H^+$ 和 $Al^{3+}$ 时,土壤呈盐基不饱和状态,称为盐基不饱和土壤,呈酸性反应。

土壤盐基饱和度是指土壤胶体上的交换性盐基离子占阳离子交换总量的百分数。

$$盐基饱和度(\%) = \frac{交换性盐基离子总量(mmol/100\ g(土))}{阳离子交换总量(mmol/100\ g(土))} \times 100\%$$

我国土壤的盐基饱和度有自西北向东南逐渐减小的趋势。少雨的西北地区,盐基离子淋溶少,盐基饱和度较大,养分含量较丰富,酸性弱。多雨的南方则恰好相反,由于雨量充沛,温度高,土壤中有机质矿质化及矿物质的风化均很迅速,分解产生的盐基又易被淋溶流失,因而造成盐基离子缺乏,而胶体上的吸收性氢和铝又有较高的交换能力,从而把钙、镁等离子交换出来,使之淋失。因此,胶体上的吸收性氢(铝)离子愈来愈多,形成了盐基饱和度小的氢(铝)土壤,呈现酸性反应,养分缺乏。分布在我国东南、华南及西南地区的红壤、黄壤等即属此种类型。由此可以看出,交换性离子养料的有效程度,不仅与阳离子总量有关,而且与盐基饱和度的关系更大。因此,阳离子交换量与盐基饱和度是衡量土壤保肥供肥能力的两个重要指标。

## 二、土壤胶体对阴离子的吸收作用

由于土壤胶体一般带负电荷,所以具有对阳离子的交换吸收作用。但在某些条件下,土壤胶体也可带正电荷,如含水氧化铁、铝等两性胶体在酸性条件下带正电荷(在碱性条件下则可带负电荷),能产生对阴离子的交换吸收作用。各种阴离子交换吸收的能力也不一样,一般来说,阴离子交换作用比阳离子交换作用要弱得多。

土壤阴离子交换随阴离子种类不同而不同,其中对磷酸根($H_2PO_4^-$、$HPO_4^{2-}$、$PO_4^{3-}$)、硅酸根($HSiO_3^-$、$SiO_3^{2-}$)等交换吸收作用最明显。如磷酸离子和某些有机酸的离子容易被土壤吸收,尤其是磷酸既可被土壤胶体吸持,又可与土壤溶液中的阳离子化合成难溶性磷酸铁($FePO_4$)和磷酸铝($AlPO_4$),使磷素无法为作物利用,这就是磷的化学固定作用。

## 三、土壤离子交换作用对肥力性状的影响

### (一)影响土壤物理性状

土壤胶体的凝聚作用是形成土壤结构的重要因素,特别是有机胶体吸收钙离子后所生成的凝胶,可以把分散的土粒胶结成水稳性团粒。但是,如果土壤胶体为钠离子饱和,则会因分散作用而成为溶胶状态,从而形成不良的土壤结构,并使其胀缩性、可塑性、黏结性与黏着性明显增强,以致干时坚硬,湿时泥泞,耕性不良。

### (二)影响土壤养分的有效性

土壤中养分的有效性在很大程度上取决于土壤的离子交换状况。离子态养分从土壤胶体上析出,进入溶液中,便容易被作物吸收利用,有效性高,但也易流失;被土壤胶体吸

收,则保肥性提高,但也容易产生化学固定作用,使养分的有效性降低或无效。

### (三)影响施肥方式与效果

由于土壤胶体对各种离子态养分的吸收情况不同,其保肥和供肥能力也有很大差异。如磷肥容易被土壤胶体吸收,也容易产生化学固定作用,施肥时就应注意减少与土壤的接触面。通常采用集中施用或与有机肥混合施用,可提高磷肥效果。又如,硝酸根离子($NO_3^-$)不能被土壤胶体吸收而容易流失,所以施用硝态氮肥时,应适时分次施用,且不宜用于水田而宜用于旱地。

# 第四节 土壤的酸碱反应

土壤的酸碱反应是指土壤溶液呈酸性、中性或碱性的程度。它是土壤的重要属性之一,对土壤养分的有效化、土壤性状及作物的生长发育等均有明显影响。土壤的酸碱反应程度取决于土壤溶液中游离的氢离子及氢氧离子浓度的比例。当土壤溶液中的氢离子浓度大于氢氧离子浓度时,呈酸性反应;反之,呈碱性反应。二者浓度相等时,则呈中性反应。

## 一、土壤酸度

### (一)土壤酸化过程

1. 土壤中 $H^+$ 离子的来源

在多雨的自然条件下,降水量大大超过蒸发量,土壤及其母质的淋溶作用非常强烈,土壤溶液中的盐基离子易随渗滤水向下移动,使土壤中易溶性成分减少。这时溶液中 $H^+$ 取代土壤吸收性复合体上的金属离子,为土壤所吸附,使土壤盐基饱和度下降、氢饱和度增加,引起土壤酸化。在交换过程中,土壤溶液中的 $H^+$ 离子可以由下述途径补给。

1)水的解离

水的解离常数虽然很小,但由于 $H^+$ 被土壤吸附而使其解离平衡受到破坏,所以将有新的 $H^+$ 释放出来。

$$H_2O \longrightarrow H^+ + OH^-$$

2)碳酸解离

土壤中的碳酸主要由 $CO_2$ 溶解于 $H_2O$ 生成,而 $CO_2$ 是由植物根系和微生物的呼吸及有机物质分解时产生的,所以土壤活性酸在植物根际要强一些(那里的微生物活动也较强)。

$$H_2CO_3 \longrightarrow H^+ + HCO_3^-$$

3)有机酸的解离

土壤中各种有机质分解的中间产物有草酸、柠檬酸等多种低分子有机酸,特别在通气不良及在真菌活动下,有机酸可能累积很多。土壤中的胡敏酸和富里酸分子在不同的 pH 值条件下可释放出几个 $H^+$。

$$有机酸 \longrightarrow H^+ + R\text{—}COO^-$$

4）酸雨

pH 值 <5.6 的酸性大气化学物质降落到地面主要有两种途径：一种是通过气体扩散，将固体物降落到达地面，称之为干沉降；另一种是降水挟带大气酸性物质到达地面，称之为湿沉降，习惯上称为酸雨。随着燃煤、燃油、矿冶等工业化过程，向大气排放的 $SO_2$ 和 $NO_x$ 化合物不断增加，大大加剧了酸雨的进程。从 20 世纪 80 年代以来，酸雨被认为是威胁全球的大气污染问题，我国酸雨的酸性强度、区域分布及降雨的频率均在不断增强和扩展。大气中的酸性物质最终都进入土壤，成为土壤氢离子的重要来源之一。

5）其他无机酸

土壤中有各种各样的无机酸。例如，$(NH_4)_2SO_4$、KCl 和 $NH_4Cl$ 等生理酸性肥料施入土壤中，因为阳离子 $NH_4^+$、$K^+$ 被植物吸收而留下酸根。同时，硝化细菌的活动也可以产生硝酸。在某些地区有施用绿矾的习惯，可以产生硫酸。

$$FeSO_4 + 2H_2O \longrightarrow Fe(OH)_2 + H_2SO_4$$

**2. 土壤中铝的活化**

氢离子进入土壤吸收复合体后，随着阳离子交换作用的进行，土壤盐基饱和度逐渐下降，而氢饱和度渐渐提高。当土壤有机矿物复合体或铝硅酸盐黏土矿物表面吸附的氢离子超过一定限度时，这些胶粒的晶体结构就会遭到破坏，有些铝八面体被解体，使铝离子脱离了八面体晶格的束缚，变成活性铝离子，被吸附在带负电荷的黏粒表面，转变为交换性 $Al^{3+}$，这种转变的速度是相当快的。据我国红壤的一些试验，新制备的含氢黏土，经过 0.5 h 后，交换性酸中的 $H^+$ 52%～58% 转变为铝离子，6 h 后，交换性铝离子增加至 72%～98%，即矿物晶面负电荷结合的氢离子，迅速地被晶格中的铝离子交换。但不同黏粒的转变速度不同，一般蒙脱石表面的转变速度较高岭石高，因前者受破坏的表面积大于后者。

由上可知，土壤酸化过程始于土壤溶液中的活性 $H^+$，土壤溶液中 $H^+$ 和土壤胶体上被吸附的盐基离子交换，盐基离子进入溶液，然后遭雨水淋失，使土壤胶体上交换性 $H^+$ 不断增加，并随之出现交换性 $Al^{3+}$，形成酸性土壤。

**（二）土壤酸的类型**

土壤酸可分为活性酸和潜性酸。土壤活性酸指的是与土壤固相处于平衡状态的土壤溶液中的 $H^+$。土壤潜性酸指的是吸附在土壤胶体表面的交换性致酸离子（$H^+$ 和 $Al^{3+}$），交换性 $H^+$ 和 $Al^{3+}$ 只有转移到溶液中，转变成溶液中的 $H^+$，才会显示出酸性，故称潜性酸。土壤潜性酸是活性酸的主要来源和后备，它们始终处于动态平衡之中，是属于一个体系中的两种酸。

**1. 强酸性土壤**

在强酸性土壤条件下，交换性 $Al^{3+}$ 与土壤溶液中的 $Al^{3+}$ 处于平衡状态，通过土壤溶液中 $Al^{3+}$ 的水解，增强土壤酸性。土壤溶液中的 $Al^{3+}$ 按下式水解，即

$$Al^{3+} + 3H_2O \longrightarrow Al(OH)_3\downarrow + 3H^+$$

在强酸性土壤中，土壤活性酸（溶液中的 $H^+$）的主要来源是 $Al^{3+}$，而不是 $H^+$。这是因为在强酸性土壤中，一方面以共价键结合在有机胶体和矿物胶粒上的 $H^+$ 离子极难解离，另一方面腐殖酸基团和带负电荷黏粒表面吸附的 $H^+$ 虽易解离，但其数量很少，对土壤溶液中 $H^+$ 的贡献小，但 $Al^{3+}$ 的饱和度大，土壤溶液中的每 1 个 $Al^{3+}$ 水解可产生 3 个

$H^+$。据报道,pH 值 <4.8 的酸性红壤中,交换性 $H^+$ 一般只占总酸度的 3% ~5% ,而交换性 $Al^{3+}$ 占总酸度的 95% 以上。

2. 酸性和弱酸性土壤

这种土壤的盐基饱和度较大,铝不能以 $Al^{3+}$ 存在,而是以羟基铝离子如 $Al(OH)^{2+}$、$Al(OH)_2^+$ 等形态存在。有的羟基离子可被胶体吸附,其行为如同交换性 $Al^{3+}$ 一样,在土壤溶液中水解产生 $H^+$。

$$Al(OH)^{2+} + H_2O \longrightarrow Al(OH)_2^+ + H^+$$
$$Al(OH)_2^+ + H_2O \longrightarrow Al(OH)_3 + H^+$$

酸性和弱酸性土壤中,除羧基铝离子水解产生 $H^+$ 外,胶体表面交换性 $H^+$ 的解离是土壤溶液中 $H^+$ 的第二个来源。

综上所述,在强酸性土壤中以交换性 $Al^{3+}$ 和以共价键紧束缚的 $H^+$ 及 $Al^{3+}$ 占优势;在酸性土壤中,致酸离子以 $Al(OH)^{2+}$ 和 $Al(OH)_2^+$ 等羟基离子为主;而在中性及碱性土壤中,土壤胶体上主要是交换性盐基离子。

## 二、土壤碱度

### (一)土壤碱性的形成原因

碱性土壤形成是自然成土条件和土壤内在因素综合作用的结果。碱性土壤的碱性物质主要是钙、镁、钠的碳酸盐和重碳酸盐,以及胶体表面吸附的交换性钠。形成碱性反应的主要原因是碱性物质的水解反应。

1. 碳酸钙水解

在石灰性土壤和交换性钙占优势的土壤中,碳酸钙 – 土壤空气体系中的 $CO_2$ 和土壤水处于同一个平衡体系。碳酸钙可通过水解作用产生 $OH^-$,其反应式如下

$$CaCO_3 + H_2O \longrightarrow Ca^{2+} + HCO_3^- + OH^-$$

因为 $HCO_3^-$ 又与土壤空气中的 $CO_2$ 处于下面的平衡关系

$$CO_2 + H_2O \longrightarrow HCO_3^- + H^+$$

所以石灰性土壤的 pH 值主要是受土壤空气中的 $CO_2$ 分压控制的。

2. 碳酸钠的水解

碳酸钠(苏打)在水中能发生碱性水解,使土壤呈强碱性反应。土壤中碳酸钠的来源有以下几种:

(1)土壤矿物中的钠在碳酸作用下形成重碳酸钠,重碳酸钠失去一半的 $CO_2$ 则形成碳酸钠。

$$2NaHCO_3 \longrightarrow Na_2CO_3 + H_2O + CO_2$$

(2)土壤矿物风化过程中形成的硅酸钠,与含碳酸的水作用,生成碳酸钠并游离出 $SiO_2$,其反应式为

$$Na_2SiO_3 + H_2CO_3 \longrightarrow Na_2CO_3 + SiO_2 + H_2O$$

(3)盐渍土中水溶性钠盐(如氯化钠、硫酸钠)与碳酸钙共存时,可形成碳酸钠,其反应式如下

$$CaCO_3 + 2NaCl \longrightarrow CaCl_2 + Na_2CO_3$$
$$CaCO_3 + Na_2SO_4 \longrightarrow CaSO_4 + Na_2CO_3$$

盐土在积盐过程中,胶体表面吸附有一定数量的交换性钠,但因土壤溶液中的可溶性物质浓度较高,阻止交换性钠水解,所以盐土的碱度一般都在8.5(pH值)以下,物理性质也不会恶化,不显现碱土的特征。只有当盐土脱盐到一定程度后,土壤交换性钠发生解析,土壤才出现碱化特征。但土壤脱盐并不是土壤碱化的必要条件。土壤碱化过程是盐土积盐和脱盐频繁交替发生时,促进钠离子取代胶体上吸附的钙、镁离子,而演变为碱化土壤。

**(二)影响土壤碱化的因素**

**1. 气候因素**

碱土都分布在干旱、半干旱和漠境地区。这些地区的年降水量远远小于蒸发量,尤其在冬春干旱季节,蒸降比一般为5~10,甚至可达20以上。降水量集中分布在高温的6~9月,可占年降水量的70%~80%。土壤具有明显的季节性积盐和脱盐频繁交替的特点,是土壤碱化的重要条件。

**2. 生物因素**

由于高等植物的选择性吸收,富集了钾、钠、钙、镁等盐基离子,不同植被类型的选择性吸收不同,影响着碱土的形成。荒漠草原和荒漠植被对碱土的形成起着重要作用。

**3. 母质的影响**

母质是碱性物质的来源,如基性岩和超基性岩富含钙、镁、钾、钠等碱性物质,风化体含较多的碱性成分。此外,土壤不同质地及其在剖面中的排列影响土壤水分的运动和盐分的移动,从而影响土壤碱化程度。

## 三、土壤酸碱度的指标

**(一)土壤酸度的指标**

**1. 土壤 pH 值**

土壤 pH 值代表与土壤固相处于平衡状态的溶液中的 $H^+$ 浓度的负对数。pH 值是土壤酸度的强度指数。土壤 pH 值高低可分为若干等级,《中国土壤》一书中将我国土壤的酸碱度分为以下五级:

| | |
|---|---|
| <5.0 | 强酸性 |
| 5.0~6.5 | 酸 性 |
| 6.5~7.5 | 中 性 |
| 7.5~8.5 | 碱 性 |
| >8.5 | 强碱性 |

我国土壤的酸碱度大多数pH值为4.5~8.5,在地理分布上具有东南酸西北碱的规律性,即由东南向西北pH值逐渐增大。长江以南土壤多数为强酸性土壤,如华南、西南地区分布的红壤、砖红壤和黄壤的pH值大多数为4.5~5.5。华东、华中地区的红壤pH值为5.5~6.5。长江以北的土壤多数为中性和碱性土壤。华北、西北的土壤富含碳酸钙,pH值一般为7.5~8.5,部分碱土的pH值在8.5以上,少数pH值高达10.5,为强碱

性土壤。

2. 交换性酸度

在非石灰性土壤及酸性土壤中,土壤胶体吸附了一部分 $Al^{3+}$ 及 $H^+$。当用中性盐溶液如 1 mol KCl 或 0.06 mol $BaCl_2$ 溶液(pH 值为 7)浸提土壤时,土壤胶体表面吸附的 $Al^{3+}$ 与 $H^+$ 的大部分被浸提剂的阳离子交换而进入溶液,此时不但交换性 $H^+$ 可使溶液变酸,而且交换性 $Al^{3+}$ 由于水解作用也增加了溶液酸性。

$$Al^{3+} + 3H_2O \longrightarrow Al(OH)_3 \downarrow + 3H^+$$

浸出液中的 $H^+$ 及由 $Al^{3+}$ 水解产生的 $H^+$,用标准碱液滴定,根据消耗的碱量换算为交换性 $H^+$ 与交换性 $Al^{3+}$ 的总量,即为交换性酸度(包括活性酸),以 mmol/100 g(土)为单位,它是衡量土壤酸度的数量指标。必须指出,用中性盐液浸提的交换反应是一个可逆的阳离子交换平衡,交换反应容易逆转。因此,所测得的交换性酸度,只是土壤潜性酸量的大部分,而不是它的全部。交换性酸度在调节土壤酸度时估算石灰用量有重要的参考价值。

3. 水解性酸度

这是土壤潜性酸量的另一种表示方式。当土壤用弱酸强碱的盐类溶液(常用的是 pH 值为 8.2 的 1 mol NaAc 溶液)浸提时,因弱酸强碱盐溶液的水解作用,结果如下:①交换程度比之用中性盐类溶液更为完全,土壤吸附性 $H^+$、$Al^{3+}$ 的绝大部分可被 $Na^+$ 交换;②水化氧化物表面的羟基和腐殖质的某些功能团(如羟基、羧基)上部分 $H^+$ 解离而进入浸提液被中和。这样表现出的酸度为水解性酸度,是土壤酸度的数量指标,其大于交换性酸度,可以作为酸性土壤改良时计算石灰需要量的参考数据。

(二)土壤碱度指标

土壤溶液中 $OH^-$ 浓度超过 $H^+$ 浓度时表现为碱性反应,土壤 pH 值愈大,碱性愈强。土壤碱性反应除常用 pH 值表示外,总碱度和碱化度是另外两个反映碱性强弱的指标。

1. 总碱度

总碱度是指土壤溶液或灌溉水中碳酸根、重碳酸根的总量。即

$$总碱度 = CO_3^{2-} + HCO_3^- \quad (cmol/L)$$

土壤碱性反应是由于土壤中有弱酸强碱盐类存在,其中最主要的是碳酸根和重碳酸根的金属(Na、K)及碱土金属(Ca、Mg)的盐类存在。$CaCO_3$ 及 $MgCO_3$ 的溶解度很小,在正常 $CO_2$ 分压下,它们在土壤溶液中的浓度很低,所以含 $CaCO_3$ 和 $MgCO_3$ 的土壤,其 pH 值不可能很高,最高在 8.5 左右(据实验室测定,在无 $CO_2$ 影响时,$CaCO_3$ 的 pH 值可高达 10.2),这种因石灰性物质所引起的弱碱性反应(pH 值为 7.5 ~ 8.5)称为石灰性反应,这种土壤就称为石灰性土壤。石灰性土壤的耕层因受大气或土壤中 $CO_2$ 分压的控制,pH 值常在 8.0 ~ 8.5 范围内,而在其深层,因植物根系及土壤微生物活动都很弱,$CO_2$ 分压很小,其 pH 值可升至 10.0 以上。

$Na_2CO_3$、$NaHCO_3$ 及 $Ca(HCO_3)_2$ 等是水溶性盐类,可以出现在土壤溶液中,使土壤溶液的总碱度很高。总碱度用中和滴定法测定,单位以 cmol/L 表示,也可以用 $CO_3^{2-}$ 及 $HCO_3^-$ 占阴离子的质量百分数来表示。我国碱化土壤的总碱度占阴离子总量的 50% 以

上,高的可达90%。总碱度在一定程度上反映了土壤和水质的碱性程度,故可作为土壤碱化程度分级的指标之一。

2. 碱化度(钠碱化度:ESP)

碱化度是指土壤胶体吸附的交换性钠离子占阳离子交换量的百分率。

$$碱化度(\%) = \frac{交换性钠离子量}{阳离子交换量} \times 100\%$$

当土壤碱化度达到一定程度,可溶盐含量较低时,土壤就呈极强的碱性反应,pH值大于8.5甚至超过10.0。这种土壤土粒高度分散,湿时泥泞,干时硬结,结构板结,耕性极差。土壤理化性质上发生的这些恶劣变化,称为土壤的碱化作用。

土壤碱化度常被用来作为碱土分类及碱化土壤改良利用的指标和依据。

### 四、土壤酸碱反应与作物生长的关系

不同的栽培作物适应不同的pH值范围。有些作物对酸碱反应很敏感,如甜菜、紫苜蓿喜钙而只能在中性土壤中生长,茶树、柑橘必须生长在强酸和酸性土壤中,这些植物称之为土壤酸碱性的指示植物。大多数作物适应性广,对土壤pH值要求不太严格,一些主要作物适宜的pH值范围见表3-5。

表3-5 主要作物适宜的pH值范围

| 作物 | pH值 | 作物 | pH值 | 作物 | pH值 |
|------|------|------|------|------|------|
| 水稻 | 6.0~7.0 | 油菜 | 6.0~7.0 | 番茄 | 6.0~7.0 |
| 小麦 | 6.0~7.0 | 花生 | 5.0~6.0 | 西瓜 | 6.0~7.0 |
| 大麦 | 6.0~7.0 | 亚麻 | 6.0~7.0 | 胡萝卜 | 5.3~6.0 |
| 玉米 | 6.0~7.0 | 桑 | 6.0~8.0 | 烟草 | 5.0~6.0 |
| 甘薯 | 5.0~6.0 | 茶 | 5.0~5.5 | 柑橘 | 5.0~6.5 |
| 马铃薯 | 4.8~5.4 | 甘蔗 | 6.0~8.0 | 苹果 | 6.0~8.0 |
| 棉花 | 6.0~8.0 | 甜菜 | 6.0~8.0 | 紫苜蓿 | 7.0~8.0 |
| 大豆 | 6.0~7.0 | 甘蓝 | 6.0~7.0 | | |

### 五、土壤的缓冲性能

如果把少量的酸或碱加入纯水中,则水的pH值立即发生变化。但加入土壤中,pH值是否会立即改变呢?事实并非如此,土壤好像一个很有"涵养"的人一样,脾气并不那样急躁。也就是说,当向土壤中加入少量的酸碱物质时,其pH值变化极缓慢,会保持一个相对稳定的状态。土壤抗衡酸碱物质、缓和土壤酸碱度变化的能力,称为土壤的缓冲性能。土壤缓冲性能可以使土壤pH值经常保持在一个相对稳定的范围内,从而促使土壤溶液组成和养分有效程度的稳定,为植物生长和微生物活动创造比较稳定的环境条件,在农业生产上具有重要意义。

土壤具有缓冲性能的主要原因有以下两个方面：

（1）土壤胶体上存在着许多盐基离子。

由于土壤胶体上存在许多盐基离子，通过离子交换作用，可以将土壤溶液中的活性酸转化成潜性酸，从而起着稳定土壤 pH 值的作用。如施用硫酸铵（$(NH_4)_2SO_4$）等生理酸性肥料，使土壤显酸性时，酸溶液中的氢离子就会把胶体上的盐基离子交换到溶液中，生成中性盐，这样溶液中的氢离子浓度并没有增加。当施用生理碱性肥料如 $NaNO_3$ 时，作物吸收 $NO_3^-$ 后，$Na^+$ 残留在土壤溶液中，$Na^+$ 可交换出 $H^+$，与溶液中的 $OH^-$ 结合成水，使溶液中的 $OH^-$ 浓度保持相对不变。所以，一般盐基饱和度大的土壤，缓冲土壤变酸的能力较强，而潜性酸度大的土壤，则缓冲土壤变碱的能力较强。

（2）土壤溶液中弱酸及其盐类的存在。

土壤中存在的碳酸、磷酸、硅酸、腐殖酸等弱酸及其盐类构成的缓冲体系，均具有缓冲能力。例如，在含碳酸钠的土壤中加入酸时，可生成中性盐与碳酸，缓和土壤酸性的提高。

$$Na_2CO_3 + 2HCl \longrightarrow H_2CO_3 + 2NaCl$$

当遇到碱时，碳酸与它反应，生成难溶的碳酸钙，也不会使土壤碱性显著提高。

$$H_2CO_3 + Ca(OH)_2 \longrightarrow CaCO_3 + 2H_2O$$

蛋白质、胡敏酸及氨基酸等是两性物质，其中的氨基可以中和酸，羧基可以中和碱，因此它们对酸、碱均有缓冲能力。

由此可见，土壤缓冲性能与土壤胶体特别是有机胶体的含量有关，其缓冲能力的强弱顺序一般是腐殖质 > 黏土 > 壤土 > 砂土。因此，农业生产上增施有机肥料和掺入黏粒等是提高土壤缓冲能力的有效措施。

此外，土壤作为一个巨大的缓冲体系，对污染物质同样具有缓冲自调和净化功能，在环境保护上也具有十分重要的意义。

# 第五节　土壤空气和热量状况

## 一、土壤空气

土壤空气是土壤的重要组成部分，是作物生长不可缺少的因子，也是土壤肥力因素之一。

### （一）土壤空气组成

在土壤固、液、气三相体系中，土壤空气存在于土体内未被水分占据的孔隙中，土壤含水量越高，空气就越少，反之土壤空气就越多，因此土壤空气含量随含水量而变化。土壤空气主要来自于大气，也有很少一部分来自土壤微生物、动物和作物根系的呼吸。

土壤空气的组成主要取决于土壤中生物活动及其与大气的交换性能，旱地与水田土壤的空气组成差异很大，表土与底土的空气差异也很大。不同旱地土壤的空气组成一般差异很小，不同水田土壤的空气组成有时差别很大，主要取决于其通气状况。总的来说，土壤空气组成与大气相似（见表 3-6），但 $CO_2$ 含量高于大气几倍甚至几十倍，$O_2$ 的含量低于大气，水汽含量一般要高于大气，而且有时含有少量还原性气体，如 $CH_4$、$H_2S$、$H_2$ 等。

尤其是淹水的土壤，$CO_2$ 含量更高，$O_2$ 含量更低，还原性气体含量也很高，会危害作物生长。

表3-6　土壤空气与大气组成比较（容积百分比）　　　　（%）

| 项目 | $N_2$ | $O_2$ | $CO_2$ | 水汽 |
|---|---|---|---|---|
| 近地面大气 | 79.01 | 20.96 | 0.03 | 不饱和 |
| 土壤空气 | 78.8 ~ 80.24 | 18.00 ~ 20.03 | 0.15 ~ 0.65 | 饱和 |

**（二）土壤通气性**

土壤通气性是指土壤允许气体通过的能力，即土壤空气与大气之间不断进行交换的能力。维持土壤适当的通气性，是保证土壤空气质量、调节土壤肥力不可缺少的条件。

**1. 土壤空气的更新**

土壤空气的更新指土壤空气与大气进行交换。

土壤空气的更新有两种方式：

（1）气体扩散，是土壤空气更新的主要方式。由于土壤中生物活动的结果，土壤空气中 $CO_2$ 浓度总是高于大气，而 $O_2$ 浓度总是低于大气，因此土壤空气中 $CO_2$ 不断扩散到大气，而大气中的 $O_2$ 又不断扩散进入土壤。正如人不断呼出 $CO_2$ 和吸进 $O_2$ 一样，形象地称之为土壤呼吸。

（2）气体对流，是指土壤空气与大气间由于压力差推动气体的整体流动，也就是土壤空气在温度、气压、风、降雨或灌溉等因素的影响下整体排出土壤，同时大气也整体进入土壤。例如，当土表温度高于或低于大气温度时，土壤就会与大气产生冷、热空气的对流，从而实现了气体交换。当土壤接受降雨或灌溉水时，空气就会排出土体，随着水分减少，大气中的新鲜空气又会进入土体。

**2. 影响土壤通气性好坏的因素**

土壤通气性的好坏，直接影响到土壤空气的更新和土壤氧化还原状况。而土壤通气性的好坏主要取决于土壤中通气孔隙的数量，大孔隙多的土壤，如砂质土、结构良好的土壤，通气性好；反之，质地黏重、板结的土壤，大孔隙少，通气性差。土壤通气性还受土壤含水量影响，含水少的土壤，通气性好；含水过多的土壤，通气性差。

水稻土的空气状况与旱地不同。在淹水种稻期间，由于水层的存在，气体扩散无法进行。一般来说，水分对水田通气有很大作用，氧气可溶解于水中，随灌溉水进入土壤，因此适度的渗漏是高产水稻土的重要条件。此外，排水晒田时，近地面空气可进入土壤内与原来被闭蓄在土壤中的空气进行气体交换，同时晒田时形成的裂缝可在比较长的时期存在，也有利于土壤通气性的改善。因此，排水晒田是解决水田土壤通气的有力措施。

**3. 土壤通气性与土壤氧化还原状况**

土壤是一个多种氧化物质和还原物质并存的复杂体系（见表3-7）。在土壤中氧化反应与还原反应同时进行，只是相对强度不同。土壤通气性的好坏影响到土壤氧化还原状况，土壤氧化还原状况通常用氧化还原电位（Eh 值，mV）表示。一般认为，土壤 Eh 值为 300 mV 是氧化还原的界线，大于此值时土壤为氧化态，反之为还原态。旱地土壤通气性好,其 Eh 值一般为 300～700 mV,养分供应正常,根系生长发育好。如果 Eh 值大于 700 mV,标志着土壤通气过旺,有机质消耗过快,有些养分如 Fe、Mn 被氧化成不溶性高价化合物,会失去其有效性,作物常患失绿症。如果 Eh 值低于 200 mV,表示土壤水分过多,通气性差,土壤还原性过强,会积累大量的 $H_2S$、$CH_4$、$Fe^{2+}$、$Mn^{2+}$ 等还原性物质,对作物产生毒害作用,应排水、松土,提高土壤通气性。一般来说,水稻适宜的 Eh 值为 200～400 mV。据研究,当土壤的 Eh 值低于 100 mV 时,水稻黑根形成的速度大大加快,水稻生长严重受阻。因此,土壤氧化还原电位可以作为衡量土壤通气性好坏的指标。

表 3-7　土壤中主要的氧化还原物质体系

| 名称 | 元素符号 | 氧化态 | 还原态 |
| --- | --- | --- | --- |
| 氧体系 | O | $O_2$ | $H_2O$ |
| 有机碳体系 | C | $CO_2$ | $CH_4$、$CO$ |
| 氮体系 | N | $NO_3^-$、$NO_2^-$ | $NH_3$、$N_2$、$N_2O$ |
| 硫体系 | S | $SO_4^{2-}$ | $H_2S$ |
| 铁体系 | Fe | $Fe^{3+}$ | $Fe^{2+}$ |
| 锰体系 | Mn | $Mn^{4+}$ | $Mn^{2+}$ |
| 氢体系 | H | $H^+$ | $H_2$ |

### (三)土壤空气与作物生长

不同作物、不同器官、不同的生育期,对氧气的需求都有差异。水稻等水生作物要求生活在淹水的环境中,而旱地作物必须生活在通气良好的土壤中;一些作物对淹水非常敏感,而另一些作物对淹水有一定的抵抗能力。种子萌发一般要求氧气含量在 10% 以上,缺氧将会抑制种子的萌发。作物根系也必须在一定的氧气浓度条件下才能正常生长发育,缺氧将阻碍根系伸长和侧根萌发,根系短而粗,颜色暗,根毛大量减少,根系吸收水分和养分的功能减弱。

### (四)土壤通气性的调节

土壤通气性的好坏,对农业生产有很大的影响。调节土壤通气性,改善土壤水、肥、气、热条件,为作物生长创造适宜的环境条件,是农业生产上的一项重要措施。其具体措施有以下几种。

1.改良土壤质地,增施有机肥料

黏质土壤由于大孔隙数量较少,通气状况往往不良,可以采取黏掺砂和增施有机肥料的方法,改善土壤质地和结构,增强土壤通气性。

2.合理排灌

合理排灌是解决水、气矛盾的重要措施。排除土壤中多余水分,对改善土壤通气状况有显著效果。对于地势低洼、地下水位高的易涝田,应开沟排水,降低地下水位;对于水田,采取排水、晒田等措施以提高土壤通气性。合理灌水也是调节土壤通气状况的重要手段。例如,对稻田实行"薄、浅、湿、晒"等节水灌溉技术,能促进土壤空气与大气交换,改善土壤的通气状况。

### 3. 适时中耕

中耕松土是农业生产中常用来调节土壤通气状况的措施,它具有疏松土壤,增加土壤通气孔隙,改善土壤结构,促进土壤通气、透水、增温等多种作用。尤其是在降雨和灌溉后,及时中耕松土,破除板结,可以显著改善土壤通气状况。

## 二、土壤热状况

土壤热量是土壤肥力的重要因素之一,也是土壤重要的物理性质。土壤温度是土壤热状况的具体指标,它主要取决于土壤热量收支和热性质。合理调控土壤温度,对满足作物的温热条件和提高土壤肥力有重要意义。

### (一)土壤热性质

土壤热量的来源有太阳辐射热、生物热和地热,主要是太阳辐射热。到达地表的太阳辐射热,一部分被地面反射进入大气,另一部分则被土壤吸收,使土壤温度升高。土壤温度的变化主要取决于土壤的热性质,如土壤热容量、导热性。

#### 1. 土壤热容量

土壤热容量指单位质量或单位容积的土壤,温度每升高(或降低)1 ℃时所吸收(或释放)的热量,单位是 $J/(g \cdot ℃)$ 或 $J/(cm^3 \cdot ℃)$。前者称质量热容量,后者称容积热容量。两者的关系是

$$容积热容量 = 质量热容量 \times 土壤干密度$$

土壤热容量大小反映了土壤吸收或释放一定热量后升温或降温的快慢,热容量大的土壤,吸热后不易升温,放热后也不易降温,而热容量小的土壤则相反。

土壤热容量大小取决于土壤固、液、气三相组成的比例,由于土壤中三相物质的热容量差异很大,因而土壤不同,三相物质的比例不同,土温变化也就不一样(见表3-8)。

表3-8　土壤三相组成的热容量

| 土壤组成 | 质量热容量<br>($J/(g \cdot ℃)$) | 容积热容量<br>($J/(cm^3 \cdot ℃)$) |
|---|---|---|
| 固相物质 | 0.837 | 2.219 |
| 水分 | 4.187 | 4.187 |
| 空气 | 1.005 | 0.001 3 |

从表3-8可知,土壤水分的热容量最大,土壤空气的热容量最小,土壤固相物质的热容量介于两者之间。一般来说,土壤固相组成变化不大,而土壤含水量时刻都在变化,土壤空气随之也不断变化。可见,土壤热容量的大小主要取决于土壤水分的多少。水分多的土壤,热容量较大,土壤温度变化慢,早春土温回升慢,俗称冷性土,如黏质土;而质地轻的砂质土,水少气多,热容量小,土壤温度变化快,早春土温回升快,俗称热性土。因此,通过灌溉与排水,可以达到调节土温的目的。

#### 2. 土壤导热性

土壤吸收一定热量后,一部分用于它本身升温,另一部分传送给邻近的土层。土壤从

温度高处向温度低处传导热量的性能,称为土壤导热性。土壤导热性大小用导热率来表示,它是指土层厚度为 1 cm,两端温度相差 1 ℃时,每秒通过 1 cm² 土壤断面的热量,其单位是 J/(cm·s·℃)。土壤导热率的大小,反映土壤传导热量的难易。导热率大的土壤,传出的热量多,上下土层温差小;反之上下土层温差大。

土壤导热率的大小,也取决于土壤中固、液、气三相物质的比例,在三相物质组成中,空气导热率最小,矿物质的导热率最大,土壤水的导热率居中(见表3-9)。由此可见,土壤导热性能主要取决于土壤含水量和松紧度。一般来说,湿土导热比干土快,紧实土导热率比疏松土大。

表 3-9　土壤不同组成的导热率

| 土壤组分 | 矿物质土粒 | 水分 | 有机质 | 空气 |
|---|---|---|---|---|
| 导热率<br>(J/(cm·s·℃)) | 0.017 ~ 0.021 | 0.005 5 ~ 0.005 9 | 0.000 8 ~ 0.002 5 | 0.000 23 ~ 0.000 24 |

### (二)土壤温度与作物生长

**1. 土壤温度的变化规律**

由于太阳辐射的昼夜和季节变化,土壤温度也表现出昼夜和季节变化,同时上下土层温度也有差异。一般夏季 7 ~ 8 月土温最高,冬季 1 ~ 2 月土温最低,4 月土温变化最大。一天内土温最高值出现在 13:00 ~ 14:00,日出时土温最低。表层土温变化最大,底层土温变化最小。

**2. 土壤温度对作物生长影响**

作物种子萌发要求一定的土温,各种作物种子萌发的平均土温是:小麦、大麦、燕麦为 1 ~ 2 ℃,谷子为 6 ~ 8 ℃,玉米为 10 ~ 12 ℃,棉花、水稻、高粱、荞麦为 12 ~ 14 ℃。土壤温度越高,种子萌发越快。

土壤温度也影响到根系生长,土温过高或过低都不利于作物生长。一般作物根系在 2 ~ 4 ℃开始缓慢生长,10 ℃以上生长活跃,30 ~ 35 ℃生长受阻。各种作物根系生长适宜土温:棉花、水稻为 25 ~ 30 ℃,玉米为 24 ~ 28 ℃,小麦为 12 ~ 16 ℃。

### (三)土壤温度的调节

土温调节的原则是:春季要求提高土温,以适时提早作物的播种期,促进壮苗早发;夏季要求土温不能过高,防止作物发生干旱和热害;秋、冬季要求保持和提高土温,使作物及时成熟或安全越冬。具体措施如下。

**1. 以水调温**

排水可以降低土壤热容量和导热性,有利于提高土温。例如,早稻秧田的日排夜灌、排水晒田等措施都有提高土温作用。冷浸田的排水是提高土温的主要措施之一。

灌水可提高土壤热容量,起到稳定土温作用。北方小麦冬灌,有利于保温防冻;灌浆成熟期灌水,可有效地降低土温和株间气温,从而大大减轻干热风危害。

**2. 覆盖**

用塑料薄膜、秸秆、草席等覆盖地面,在地面撒施草木灰、泥炭等深色物质,都有利于提高土温,促进作物提早出苗。

蔬菜、花卉等生产中采用日光温室、塑料大棚、玻璃暖房等设备,可人为控制土壤温度。

3.耕作

向阳做垄、中耕等措施,以改变太阳入射角或土壤松紧度,有利于提高土温。农谚"锄头底下有火"就是群众在早春通过锄地,疏松土壤,降低热容量和导热率,从而有利于提高土温。

此外,设置风障、营造防护林带、留茬播种、熏烟等措施,也能起到保温防冻作用。

# 小 结

土壤孔隙度一般是根据土粒密度和土壤干密度两个参数间接计算出来的。土壤孔隙性的好坏可从"量"和"质"两方面衡量,孔隙度较大,大小孔隙比例适当的土壤,水、肥、气、热协调,对作物生长有利。

土壤结构是土粒的排列、组合形式。常见的土壤结构体有块状、片状、柱状和团粒状,其中团粒结构体是土壤中最理想的结构体。农业耕作、施有机肥和结构改良剂等都有助于改善土壤结构状况。

土壤具有的吸收和保存分子态、离子态或气态、固态养分的能力称为土壤保肥性能。土壤保蓄养分可分为机械吸收、物理吸收、化学吸收、生物吸收和离子交换吸收五种方式,其中离子交换吸收是土壤保肥最重要的方式。

我国土壤有东南酸西北碱的规律性。土壤之所以呈酸性是由于土壤中存在大量的氢离子和铝离子;土壤呈碱性的原因是土壤存在碳酸盐和重碳酸盐。土壤酸碱性对作物生长有很大影响。土壤缓冲性为作物生长提供了稳定的酸碱环境,在环境保护上也具有重要的意义。

土壤空气组成与大气相似。气体扩散是土壤空气更新的主要方式。土壤通气性好坏影响到种子萌发和根系生长。

土壤热容量和导热性决定土壤温度状况。砂土比黏土温度变化大,干土比湿土温度变化大。充分利用土壤温度变化特点,合理种植作物,可以收到事半功倍的效果。

# 复习思考题

1.什么是土粒密度、土壤干密度和土壤孔隙度?如何计算?

2.某土壤的土粒密度为 2.65 g/cm$^3$,土壤干密度为 1.30 g/cm$^3$,田间持水量为 24%(质量%),计算该土壤总孔隙度、毛管孔隙度和通气孔隙度。

3.什么是土壤结构?常见的土壤结构体有哪些类型?

4.团粒结构具有哪些优越性?如何培育和创造良好的土壤结构?

5.什么是土壤保肥性?土壤保蓄养分有哪几种方式?

6.土壤酸碱性是怎样产生的?

7. 土壤缓冲性有何意义?

8. 农谚说"锄头底下有水,锄头底下有火",试说明其科学道理。

9. 为什么说黏土是冷性土,砂土是热性土?

10. 简述主要的土壤增温措施及其基本原理。

# 第四章　土壤水分

**学习目标**

1. 了解吸湿水、膜状水、毛管水、重力水的特性及其与作物生长的关系。
2. 理解凋萎系数、毛管断裂含水量、田间持水量等土壤水分常数对合理灌溉的重要性。
3. 掌握土壤含水量的表示方法。
4. 了解土壤水分的能量概念。

## 第一节　土壤水分的类型及性质

土壤水分主要来源于大气降水(包括雨、雪)和人工灌水。此外,大气中水汽的凝结和地下水上升,也能补给一定的土壤水分。

土壤水分按其物理形态可分为固态、气态和液态三种,其中液态水是土壤水分的主要形态。液态水在土壤中由于受到各种力的作用可分为如下几类:一是束缚水,受吸附力(土粒表面的分子引力)作用而保持,其又可分为吸湿水和膜状水;二是毛管水,受毛管力的作用而保持;三是重力水,受重力支配,容易进一步向土壤深层运动。土壤水分类型详细划分如下。

### 一、吸湿水

田间自然风干的土壤似乎不含水分,但将其放入烘箱中(105～110 ℃)烘干后称量,其质量会减小。当把烘干土壤放回空气中,经过一定时间后,其质量又会增加。这就是土粒吸附了空气中水汽分子的缘故。干燥土粒依靠其表面分子引力,从空气中吸收一些水汽分子,附着在土粒表面,这种水在土壤学中叫吸湿水,又称吸着水或紧束缚水。吸湿水所受土粒表面分子的引力很大,为3.1～1 000 MPa,被紧紧地束缚在土粒表面,水分子十分密集,分子间的距离极小。当吸湿水达到最大量时,水分子的厚度为4～5 nm,为15～20个分子层,紧挨土粒表面的第一层水分子约受到1 000 MPa 的吸力,而其最外层的分子受到的吸力约为3.1 MPa。

吸湿水由于被牢固地吸附在土粒表面,厚度极小,因而具有固态水的性质,如密度大(可达1 300～2 000 kg/m³),热容量小(2.1～3.4 J/(cm³·℃)),冰点低(约为 −7.8 ℃),没有溶解养料的能力,不能自由移动,只能在105～110 ℃高温下汽化散失。所以,它不能被作物吸收利用,是无效水。吸湿水含量的多少取决于下列因素:

(1)土壤空气湿度。土壤空气湿度愈大,吸湿水愈多。

(2)土壤质地和腐殖质含量。颗粒细、质地黏重、腐殖质含量高的土壤,因其比表面积大,吸湿水含量高;反之,则较低(见表4-1)。

表 4-1　土壤质地与吸湿水量的关系

| 土壤质地 | 吸湿水量(%) | 土壤质地 | 吸湿水量(%) |
|---|---|---|---|
| 细砂土 | 0.03 | 中壤土 | 3.00 |
| 壤砂土 | 1.06 | 黏土 | 5.40 |
| 砂壤土 | 1.40 | 重黏土 | 6.54 |
| 轻壤土 | 2.09 | 泥炭土 | 18.42 |

(3)土壤含盐量及盐类成分。土壤含盐量高,其吸湿水含量大,尤其是含氯化钙、氯化镁等吸湿性强的盐土,吸湿水量更大。

## 二、膜状水

当土壤的吸湿水达到最大值后,土粒表面仍有剩余的分子引力,可把液态水吸附到土粒周围形成水膜,这种水膜在土壤学中叫膜状水(见图 4-1),又称薄膜水或松束缚水。膜状水所受的吸力较吸湿水小,为 0.63～3.1 MPa,但这种吸力仍大大超过地心吸力,故重力不能使这种水移动。靠近土粒表面的膜状水所受吸力较大,离土粒表面愈远,所受吸力愈小,最后过渡到不受土粒分子引力影响的自由水。

膜状水的性质与一般液态水基本相似,但因其水分子受土粒吸持而排列得较为紧密,故密度仍大于自由水(约为 1 250 kg/m³),冰点为 -4 ℃ 以下,具有较高的黏滞性,而溶解养料的能力较弱,它能以湿润的方式,从水膜厚的土粒向水膜薄的土粒缓慢地移动,如图 4-2 所示。

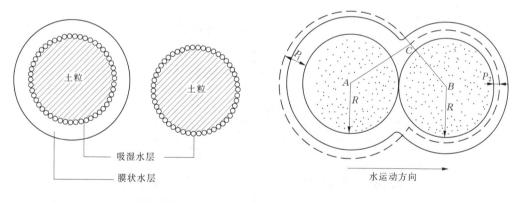

图 4-1　土壤吸湿水与膜状水关系　　　图 4-2　膜状水运动示意图

部分膜状水可以被植物吸收利用,但因其移动速度十分缓慢(为 0.2～0.4 mm/h),对植物来说是供不应求的,只有在与根系相接触的地方及其周围很小的范围内,受吸力较小(小于 1.5 MPa)的那部分膜状水,才能对植物发挥作用。而土壤水吸力(见本章第三节)大于 1.5 MPa 的那部分水,作物不能利用,为无效水。

膜状水的含量也主要取决于土壤质地和有机质含量,土壤质地愈黏重,有机质含量愈高,膜状水的含量也愈高。

### 三、毛管水

在土壤含水量超过膜状水的最大含量以后,便形成不受土粒吸力影响而移动性较大的自由水,这种水分因受土壤毛管力的作用而在毛管孔隙中保持和运动,土壤学中称为毛管水。毛管孔隙中所保持的水量是吸湿水、膜状水和毛管水的总和,是土粒的分子引力和毛管力的综合表现。

毛管水具有一般自由水物理化学特性,它所受的土壤吸力为 0.008~0.63 MPa,比作物的吸水力(1.5 MPa)要小得多,可全部被作物吸收利用。它由于受毛管力的作用既能被土壤毛管孔隙保存,又能在土壤中进行多方向的运动,并且移动速度快(每小时可移动 10~300 mm),因而能及时足量地满足作物根系吸水的要求。毛管水具有溶解各种作物养分的能力,随着它的运动,还能将养分输送到作物的根系附近,供作物不断吸收。此外,在地下水位较高的情况下,地下水可通过毛管作用成为毛管水上升至根系活动层,起到沟通地下水与作物根层水分之间的桥梁作用。因此,毛管水在农业生产上是一种对作物最有效的土壤水分。农田土壤水分管理在很大程度上就是为了调节土壤毛管水库容,增加毛管水储量,以创造适合于作物生长的土壤环境。

土壤毛管水的含量因土壤质地、有机质含量、结构等不同而有很大差异。砂黏适中,有机质含量高,特别是具有良好团粒结构的土壤,其内部毛管孔隙发达,毛管水含量可达干土质量的 20%~30%。

根据毛管水与地下水的联系情况和所处地形部位,可将其分为上升毛管水和悬着毛管水两种(见图 4-3)。

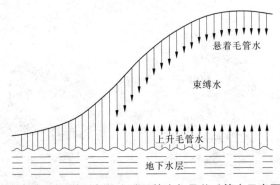

**图 4-3 不同地形部位上升毛管水与悬着毛管水示意图**

(1)上升毛管水。在地形低洼、地下水位高的地方,地下水可借毛管力作用上升进入土壤的水分叫上升毛管水。它与地下水有直接联系。在低洼河谷地带和泛滥平原地区的土壤经常保持湿润,夜间常有"回潮"现象,就是上升毛管水作用的结果。但若地下水含盐量较高,盐分可随毛管水上升到地表,这往往会引起土壤次生盐渍化,危害作物,必须加以防止。

(2)悬着毛管水。在地形部位较高、地下水位较低的旱地,降雨或灌水后借毛管力而保持在上层土壤中的水分叫悬着毛管水。它与地下水无直接联系,同下面的干土层也有明显的干湿分界线,好像悬挂在上层土壤中一样,故被形象地称为悬着毛管水。

### 四、重力水

在土壤毛管孔隙充满水分后，多余的水分由于不能被毛管力所保持，而会受重力作用沿着土壤中的大孔隙向下移动。这种在重力作用下向下移动的水分叫重力水。在旱地土壤中，重力水虽然能被作物吸收利用，但由于它在土壤中停留的时间短，对旱地作物用处不大，另外重力水长期滞留在土壤中还会妨碍土壤通气，因此重力水在旱地里是多余水。但在水田中，重力水是水稻生长的有效水。重力水可分为两种，即渗透重力水和滞留重力水。渗透重力水是在重力作用下沿着大孔隙迅速向下渗透的土壤水。滞留重力水是重力水向下渗透中遇到紧实土层(如犁底层、黏土夹层)，即可被阻碍而滞留于此的土壤水。

上述各种类型的土壤水分可以互相转化。如膜状水过量即成为毛管水，毛管水过量可成为重力水，重力水下渗聚集成地下水，地下水上升又成为毛管水，土壤水分大量蒸发就只剩下吸湿水。土壤水分的这种转化，对农业生产有着重要的意义。

# 第二节　土壤水分常数与土壤含水量

## 一、土壤水分常数

按照土壤水分的形态概念，土壤中各种类型的水分都可以用数量表示，而在一定条件下每种土壤各种类型水分的最大含量又经常保持相对稳定的数量。因此，可将每种土壤各种类型水分达到最大量时的含水量称为土壤水分常数。它们是土壤水分的特征值和土壤水性质的转折点，同时在一定程度上也反映相当土壤水能量水平。严格说来，每个常数并不是一个定值，而往往是一个狭小的含水量范围。土壤水分常数包括最大吸湿量、凋萎含水量、最大分子持水量、毛管联系断裂含水量、田间持水量、毛管持水量和饱和含水量。其中，在灌溉设计和应用上最重要的是凋萎含水量、毛管联系断裂含水量和田间持水量，而最大分子持水量和毛管持水量已很少应用。

**(一)最大吸湿量**

当气温为20 ℃，空气相对湿度接近饱和，土壤吸湿水汽达到最大量时的土壤含水量，叫最大吸湿量，又称吸湿系数。它是吸湿水和膜状水的分界点，此时的土壤水吸力约为3.1 MPa。最大吸湿量可用来间接估算凋萎含水量，计算土壤中有效水含量。

**(二)凋萎含水量**

作物发生永久凋萎时的土壤含水量，叫凋萎含水量，又叫萎蔫(凋萎)系数。其包括全部吸湿水和部分膜状水。此时的土壤水吸力约相当于作物根的吸水力(平均为1.5 MPa)，作物便吸收不到水分，因此凋萎含水量是作物可吸收利用的土壤有效水下限。

作物凋萎是一种常见的现象，但凋萎又有暂时凋萎和永久凋萎两种。比如，在作物生长旺盛时期和炎热的中午，由于植株蒸腾和土壤蒸发强烈，土壤水分供应不及时，作物叶片会发生暂时凋萎，待夜晚气温下降后，蒸腾作用减弱，作物又立即恢复正常。若土壤含水量降至凋萎含水量以下，则作物叶片会发生永久凋萎，即使夜晚在饱和水汽条件下或随后有降雨或灌水，仍不能恢复，因而将造成严重减产或无收成。在土壤含水量接近此值以前就应进行灌溉。

凋萎含水量因土壤质地不同而有很大差异,黏土最高,壤土次之,砂土最低。但对同一质地的土壤,栽培不同作物,此值虽亦有不同但差异不大(见表4-2)。

表4-2 各种作物的土壤凋萎含水量(质量百分比)　　　　　　　　　(%)

| 作物 | 粗砂土 | 细砂土 | 砂壤土 | 壤土 | 黏壤土 |
|---|---|---|---|---|---|
| 水稻 | 0.96 | 2.7 | 5.6 | 10.1 | 13.0 |
| 小麦 | 0.88 | 3.3 | 6.3 | 10.3 | 14.5 |
| 玉米 | 1.07 | 3.1 | 6.5 | 9.0 | 15.5 |
| 高粱 | 0.94 | 3.6 | 5.9 | 10.0 | 14.1 |
| 豌豆 | 1.02 | 3.3 | 6.9 | 12.4 | 16.6 |
| 番茄 | 1.11 | 3.3 | 6.9 | 11.7 | 15.3 |

凋萎含水量的测定方法有以下几种:

(1)盆栽幼苗法。在盛土而封闭的小容器中种上植物幼苗(一般为向日葵或大麦),待幼苗凋萎,移到饱和水汽室中放置过夜仍不能恢复时,测其土壤含水量。

(2)田间调查法。在干旱时期,植株大批凋萎和枯死时测土壤含水量,取多点平均值。

(3)压力膜法。在1.5 MPa压力下挤出自由水后,测土样残留水分,这是应用较多的一种方法。

(4)计算法。通常根据测得的最大吸湿量来折算凋萎含水量近似值,即凋萎含水量等于最大吸湿量除以0.68。

**(三)最大分子持水量**

最大分子持水量是指膜状水的水膜达到最大厚度时的土壤含水量,包括全部吸湿水和膜状水。一般土壤的最大分子持水量为最大吸湿量的2~4倍。

**(四)毛管联系断裂含水量**

毛管联系断裂含水量是指土壤毛管流通量急剧降低的转折点含水量,一般为田间持水量的60%~70%。它是土壤有效水范围内速效水和迟效水的分界线。在降雨灌水后,当土壤毛管孔隙中几乎充满水时,毛管流通畅且通量大,随着作物吸水和土表蒸发而含水量逐渐减少,水分先从粗毛管中撤出,然后从细毛管中撤出,当含水量降至毛管联系断裂含水量时,毛管流通量急剧降低,此时水分只存在孔隙边角及四周,而不再充满毛管孔隙,连续的毛管流基本停止,只有极缓慢的膜状水移动。此时,作物虽仍能从土壤中吸收水分,但因水分补给不足,处于供不应求的状态,感到吸水困难,而使生长受到阻滞,故又称为生长阻滞含水量。毛管联系断裂含水量是一个重要的土壤水分常数,在农田灌溉中可作为灌水下限的参考。一般当土壤含水量降至此值时,就应考虑进行灌溉。

**(五)田间持水量**

田间持水量是指土壤中悬着毛管水达到最大量时的土壤含水量。它包括全部吸湿水、膜状水和悬着毛管水。田间持水量是旱地土壤中所能保持水分的最大数量指标。当进入土壤的水分超过田间持水量时,一般只能逐渐加深土壤的湿润深度,而不能再增加土壤含水量的百分数,因此它是土壤有效水的上限,常作为控制灌水定额的允许最大土壤含水量。不同类型土壤的田间持水量范围见表4-3。

表4-3 华北平原不同质地土壤的田间持水量(质量百分比)　　　　(%)

| 质地名称 | 田间持水量 | 质地名称 | 田间持水量 | 质地名称 | 田间持水量 | 质地名称 | 田间持水量 |
|---|---|---|---|---|---|---|---|
| 紧砂土 | 16 ~ 22 | 轻壤土 | 22 ~ 28 | 重壤土 | 22 ~ 28 | 中黏土 | 25 ~ 35 |
| 砂壤土 | 22 ~ 30 | 中壤土 | 22 ~ 28 | 轻黏土 | 28 ~ 32 | 重黏土 | 30 ~ 35 |

### (六)毛管持水量

毛管持水量是指土壤中所有毛管孔隙全部充满水时的含水量,包括吸湿水、膜状水和上升毛管水。

### (七)饱和含水量

饱和含水量是指土壤所有孔隙全部充满水时的含水量,又称全蓄水量。当土壤达饱和含水量时,土壤通气性差,不利于旱作物生长发育。它是计算稻田灌水量、排水及降低地下水位时排水定额的依据。饱和含水量如按容积百分比计,则相当于土壤孔隙度。

## 二、土壤水分的有效性

土壤水分是否有效,这是农业生产上最为关切的问题。

所谓土壤水分有效性,是指土壤水分能否被作物利用及利用的难易程度。不能被作物吸收利用的水称为无效水,能被作物吸收利用的水称为有效水。按其吸收利用的难易程度不同又可分为速效水(或易效水)和迟效水(或难效水)。土壤水分是否有效及其有效程度的高低,在很大程度上取决于土壤水吸力和作物吸水力的比较。一般土壤水吸力大于作物吸水力则为无效水,反之为有效水。

前已述及,凋萎含水量和田间持水量分别是土壤有效水的下限和上限。因此,凋萎含水量以下的土壤水分为无效水,此时的土壤水吸力大于作物吸水力,作物吸收不到水分;凋萎含水量至毛管联系断裂含水量之间的土壤水分为迟效水,此时土壤水吸力虽小于作物吸水力,但水分移动缓慢,作物吸水只能维持其蒸腾消耗,而不能满足正常生长发育的需要,因此在确定是否应进行灌水时,其下限不能以凋萎含水量作为标准,而应参照毛管联系断裂含水量来确定;毛管联系断裂含水量至田间持水量之间的土壤水分为速效水,由于含水多,土壤水吸力低,水分运动迅速,容易被作物吸收利用;田间持水量至饱和含水量之间的土壤水分为多余水。

由上所述,可总结出以下计算公式

$$最大有效土壤水量(\%) = 田间持水量(\%) - 凋萎含水量(\%)$$

$$现有有效土壤水量(\%) = 土壤实际含水量(\%) - 凋萎含水量(\%)$$

$$无效土壤水量(\%) = 凋萎含水量(\%)$$

$$灌水定额(\%) = 田间持水量(\%) - 毛管联系断裂含水量(\%)$$

土壤有效水含量的多少主要取决于土壤质地(见图4-4),一般以壤质土的有效水含量最多,砂质土含量最少,而黏质土的田间持水量虽高,但因其凋萎含水量亦很高,故有效水含量并不高。

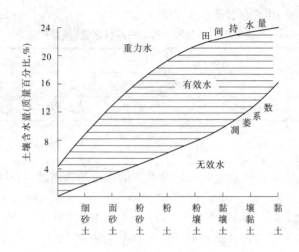

**图 4-4　不同质地土壤有效水含量的范围**

## 三、土壤含水量及其表示方法

土壤含水量又叫土壤湿度、土壤含水率,是指一定量的土壤中所含水分数量的多少。它是一项重要的土壤参数,农田灌溉排水、土壤理化性质分析均需要土壤含水量的数据。

常用的土壤含水量表示方法有以下几种。

**(一)绝对含水量**

1. 质量含水量

质量含水量是指土壤中水分质量与干土质量的比值,这是一种最基本而又经常采用的方法。

$$质量含水量(\%) = \frac{水质量(g)}{烘干土质量(g)} \times 100\% = \frac{湿土质量(g) - 烘干土质量(g)}{烘干土质量(g)} \times 100\%$$

在土壤学中,也常用 g/kg 表示,即

$$质量含水量(g/kg) = \frac{水质量(g)}{烘干土质量(g)} \times 1\,000$$

2. 容积含水量

容积含水量即单位容积土壤中水分所占的容积分数。

$$容积含水量(\%) = \frac{水容积}{土壤容积} \times 100\% = 质量含水量(\%) \times 土壤干密度$$

这种表示方法能反映土壤水分填充土壤孔隙的程度,可以了解土壤中水、气间的相互关系,进一步推算出土壤固、液、气三相物质的容积比率。

例如,测某土壤耕层含水量时,称取湿土质量为 120 g,烘干后质量为 100 g,若该土壤耕层的干密度为 1.2 g/cm³,土壤孔隙度为 54.35%,则

$$质量含水量(\%) = \frac{120 - 100}{100} \times 100\% = 20\%$$

或 
$$质量含水量(g/kg) = \frac{120 - 100}{100} \times 1\,000 = 200(g/kg)$$

$$容积含水量(\%) = 20\% \times 1.2 = 24\%$$

$$土壤空气含量(容积\%) = 54.35\% - 24\% = 30.35\%$$

$$土粒含量(容积\%) = 100\% - 54.35\% = 45.65\%$$

$$土壤固相:液相:气相 = 45.65:24:30.35 = 1:0.53:0.66$$

以上计算都是按水的质量或容积的绝对量进行的,故可统称为土壤绝对含水量。

### (二)相对含水量

在进行灌溉、排水时,也有以土壤田间持水量或饱和含水量为基数,估算土壤水与它们的比值,叫土壤相对含水量。

为了避开不同土壤性质对水分含量的影响,更好地说明土壤水分的饱和程度、有效性及水气状况,在旱地的作物栽培实践中,常用相对含水量表示土壤水分的多少。

$$旱地土壤相对含水量(\%) = \frac{实际含水量}{田间持水量} \times 100\%$$

例如,某土壤耕层田间持水量为30%(质量%),测得土壤实际含水量为20%(质量%),则

$$相对含水量(\%) = \frac{20}{30} \times 100\% = 66.7\%$$

在农田灌溉中,旱作物生长的适宜含水量常用相对含水量表示。一般认为,土壤含水量占田间持水量的60%~80%时,适合于大多数作物生长发育。

$$水田土壤相对含水量(\%) = \frac{实际含水量}{饱和含水量} \times 100\%$$

### (三)土壤储水量(蓄水量)

为了便于将土壤含水量与降雨量、蒸发量和灌水量、排水量进行比较,常将土壤含水量换算成水层厚度(mm),以便确定灌水定额,它是农田灌溉中常用的方法。

$$水层厚度(mm) = 土层厚度(mm) \times 容积含水量$$
$$= 土层厚度(mm) \times 质量含水量 \times 土壤干密度$$
$$土壤储水量(m^3/hm^2) = 水层厚度(mm) \times 10$$
$$= 10\,000 \times 土层厚度(m) \times 容积含水量$$

例如,某地耕层土壤深度为30 cm,测得质量含水量为20%,土壤干密度为1.2 g/cm³,田间持水量为36%(容积%),则

$$水层厚度(mm) = 30 \times 10 \times 20\% \times 1.2 = 72(mm)$$
$$土壤储水量(m^3/hm^2) = 72 \times 10 = 720(m^3/hm^2)$$
$$灌水深度(灌至田间持水量) = 30 \times 10 \times (36\% - 24\%) = 36(mm)$$
$$灌水定额(灌至田间持水量) = 36 \times 10 = 360(m^3/hm^2)$$

此外,土壤含水量还可用土壤水分容积与土壤孔隙容积的比值来表示,一般称为土壤水分饱和度。

$$水分饱和度(\%) = \frac{土壤水分容积}{土壤孔隙容积} \times 100\% = \frac{质量含水量(\%) \times 土壤干密度}{土壤孔隙度(\%)} \times 100\%$$

# 第三节　土壤水分的能量概念

前面介绍的土壤水分形态分类,在一般农田条件下容易被应用,比较简单、形象化,也容易为农民所理解和采用,具有很强的实用价值,因此虽然这种分类历史已久,国际上至今仍在沿用。它的基本指导思想是,不同的含水量,受到土壤中不同的作用力,形成不同的土壤水分类型。其实这与实际情况有一定的出入,研究表明,无论在何种含水量情况下,各种力都在起作用,在极细小的毛管中无法区分吸湿水、膜状水和毛管水。另外,在水分常数上,就某一具体土壤而言,除饱和含水量外,其余的在理论上也不同于数学常数的概念,其数值取决于测定方法;就不同的土壤类型而言,不能用统一的概念和尺度来圆满解释,因此用形态观点研究土壤水分有一定的局限性。形态观点的这些弱点,都可用能量观点来解决,因此目前土壤水分研究中越来越重视能量观点。用于表示土壤水分能量状态的方法目前较常用的有土水势、土壤水吸力等。

## 一、土水势

### (一)土水势的概念

从物理学上可知,任何物质在承受各种力的作用后,其自由能(即动能和势能,由于水分在土壤中运动很慢,其动能一般可忽略不计,因此土壤水的自由能主要是指其势能)将发生变化。同样,土壤水在承受各种力作用后,其自由能也有所改变。由于水进入土壤后会受到各种力(如分子引力、毛管力、重力、静水压力等)的作用,土壤水的自由能与纯自由水相比一般有所降低,如果以纯自由水在一定温度、高度、压力下所具有的能量水平作对照标准,称参比标准,并规定为零,那么在同一条件下土壤水的自由能水平就必然低于零,是一个负值。土壤水的自由能水平与同样条件(温度、高度、压力)下纯自由水的自由能水平的差值,用势能值表示,就称为土水势,单位为 Pa。由此可见,土水势并不是土壤水自由能水平的绝对值,而是与参比标准相比较的相对值。土壤水总是由土水势高处流向土水势低处,同一土壤,湿度愈大,土壤水能量水平愈高,土水势也愈高。土壤水便由湿度大处流向湿度小处;反之亦然。但是不同土壤不能只看土壤含水量的多少,更重要的是看它们土水势的高低,才能确定土壤水的流向。例如,含水量为15%的黏土的土水势一般低于含水量为10%的砂土。如果这两种土壤互相接触,则水将由砂土流向黏土。

### (二)土水势的构成

1. 基质势($\psi_m$)

基质势是指由土壤颗粒(基质)的吸附力(分子引力)和毛管力作用所引起的水势。土壤水非饱和情况下的基质势为负值,而土壤水饱和情况下的基质势为零。

2. 溶质势($\psi_s$)

溶质势是指由土壤水中的溶质(可溶性盐类)而引起的水势变化,也称渗透势,一般为负值。溶质势必须有半透膜(一种允许水分通过而限制溶质通过的薄膜,如植物根)存在才起作用。因此,溶质势应用在土壤水对植物的关系上。

3. 重力势($\psi_g$)

重力势是指土壤水受重力作用引起的水势变化。重力势的大小由土壤在重力场中的位置相对于参比标准的高差所决定,一般为正值。

4. 压力势($\psi_p$)

压力势是指在土壤水饱和的情况下,由于受压力而产生的水势变化,为正值。在土壤水非饱和情况下的压力势为零。

土水势是以上各分势之和,又称总水势($\psi$),其数学表达式为

$$\psi = \psi_m + \psi_s + \psi_g + \psi_p$$

在实际应用中,为方便起见,常将某几个分势合并起来,并另起一个名称。例如,基质势与溶质势经常一起使用,将它们的绝对值之和称为土壤水吸力($S$)。

$$S = |\psi_m| + |\psi_s|$$

## 二、土壤水吸力

为了避免使用土水势时负值加减上的麻烦或差错,土壤水的能量状态也可以用土壤水吸力来表示。土壤水在承受一定吸力的情况下,所处的能态称为土壤水吸力,单位为Pa。土壤水吸力的数值与土水势的数值相等,但符号相反,为正值。土壤水分由土壤水吸力低处流向土壤水吸力高处。

## 三、土壤水分特征曲线

将土壤水的能量指标(土水势、土壤水吸力)与土壤水的数量指标(土壤含水量)做成相关曲线,称为土壤水分特征曲线,每种土壤都有自己的水分特征曲线(见图4-5)。

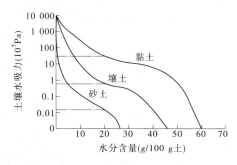

**图 4-5　几种不同质地土壤的水分特征曲线**

土壤水分特征曲线有重要的实用价值。第一,可利用它进行土壤水吸力与含水量的换算;第二,可用来间接地反映土壤孔隙大小的分布;第三,可用来分析不同质地土壤的持水性和土壤水分的有效性。如图4-5所示,在土壤含水量同为20%时,砂土、壤土和黏土的土壤水吸力有很大差别,从而对作物的有效性不同。砂土和壤土的水吸力都小于作物吸水力,因而其水分易被作物吸收,有效性高。而黏土的水吸力超过作物吸水力,土壤所保持的水分根本不能被作物吸收。因此,利用土壤水分特征曲线比用土壤水分形态类型,更能说明土壤水分数量与作物生长发育的关系。

### 四、土水势的测定——张力计法

张力计又叫土壤湿度计,构造如图4-6所示。它的底部是一个细孔陶土管,孔径为1.0～1.5 μm,其上连一塑料管或抗腐蚀的金属管,管上连一真空压力表。

使用时把管内装满水,并密封整个仪器,然后插入土中,使陶土管与土壤紧密接触,这样陶土管内水分通过细孔与土壤水相连并逐渐达到平衡,于是仪器内的水承受与土壤水相同的吸力,其数值可由真空压力表显示出来。田间作物可吸收利用的土壤水大部分在张力计可测定范围内,所以它有一定的实用价值。

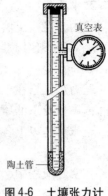

图4-6　土壤张力计

### 五、土水势的应用

在科学研究和生产实践中,土水势有如下用途:

(1)它可以用张力计直接测出,根据土壤水分特征曲线可查得土壤含水量。

(2)它表明了土壤水的能量状态,把它看做是土壤水运动的推动力,可以在不同的土壤间作为统一的标准或尺度来使用,由土壤各点间的土水势值,可判断土壤水运动的方向和强度。

(3)为田间土壤水分的自动化管理提供了条件。如采用张力计,使土壤水产生负压,通过力敏电阻等敏感原件转换成电信号,经放大、控制等电子电路,可实现灌溉排水自动控制。

(4)土水势的数值可以在土壤—植物—大气之间统一使用,将土水势、根水势、叶水势等综合比较,判断它们之间水流的方向、速度和土壤水分有效性。

# 小　结

本章从土壤水分的形态和能态两方面介绍了土壤水分特性。

土壤水分有四种形态,即吸湿水、膜状水、毛管水和重力水。吸湿水是无效水,膜状水只有部分是有效水,毛管水是土壤中最有效的水分,重力水是多余水。

土壤水分常数包括最大吸湿量、凋萎含水量、最大分子持水量、毛管联系断裂含水量、田间持水量、毛管持水量和饱和含水量。其中,在灌溉设计和应用上最重要的是凋萎含水量、毛管联系断裂含水量和田间持水量。凋萎含水量和田间持水量分别是土壤有效水的下限和上限。田间持水量是灌水上限,灌水下限不能以凋萎含水量作为标准,而应参照毛管联系断裂含水量来确定。

土壤含水量是一项重要的土壤参数,其表示方法有绝对含水量、相对含水量和土壤储水量三种。土壤水分计算方法在农田灌溉中有重要用途。

土壤水分形态观点有一定的局限性,目前土壤水分研究越来越重视能量观点。用于表示土壤水分能量状态的方法目前较常用的有土水势、土壤水吸力等。利用张力计测定土水势,可以实现灌溉管理自动化。

# 复习思考题

1.土壤水分可分为哪几种类型？其特性如何？

2.为什么说毛管水是作物最有效的水分？

3.什么是凋萎含水量和田间持水量？生产实践中为什么要以毛管联系断裂含水量作为灌水下限,而不能以凋萎含水量作为灌水下限？

4.什么是土水势？它包括哪几个分势？

5.在生产实践中,土水势有何用途？

6.已知 50 cm³ 的土体质量为 95.15 g,烘干后质量为 75.05 g,求:①土壤干密度;②土壤孔隙度(土粒密度取 2.65 g/cm³);③质量含水量与容积含水量;④土壤三相比。

7.测得某土壤 0.6 m 土层含水量为 20%,土壤干密度为 1.3 g/cm³,求:土壤储水量(用 mm 和 m³/hm² 两种单位表示)。

# 第五章　土壤养分与肥料

1. 了解作物必需的营养元素。
2. 了解土壤中氮、磷、钾的形态和转化。
3. 熟悉作物施肥的方式和方法。
4. 了解化学肥料的性质和施用方法。
5. 了解有机肥料的性质和施用方法。

## 第一节　土壤养分概述

### 一、植物必需的营养元素

迄今为止,已确认的作物必需的营养元素包括碳(C)、氢(H)、氧(O)、氮(N)、磷(P)、硫(S)、钾(K)、钙(Ca)、镁(Mg)、铁(Fe)、锰(Mn)、铜(Cu)、锌(Zn)、硼(B)、钼(Mo)、氯(Cl),共16种。作物对前9种元素的需要量较大,称为大量营养元素;对后7种元素的需要量较小,称为微量营养元素。氮、磷、钾称为作物营养三要素(或肥料三要素)。这16种必需营养元素中,除碳、氢、氧来自于大气和水外,其余13种来自土壤。

此外,目前发现硅、钠、钴、硒、镍和铝对一些作物生长发育具有良好作用,但不是所有作物的必需营养元素,可称之为作物有益营养元素。

### 二、土壤养分的来源

土壤养分主要来源于土壤矿物质和土壤有机质,另外还有大气降水及灌溉水,施用的有机、无机肥料及生物固氮作用等。

#### (一)土壤矿物质是土壤养分的基本来源

土壤矿物质特别是原生矿物为土壤提供了除 C、N 外的植物所需的各种元素。由于组成岩石的矿物种类、数量和风化程度不同,所以风化产物中释放的养分种类和数量也不相同,例如正长石、云母是易于风化的含钾丰富的矿物,是土壤中钾的主要来源。磷灰石、橄榄石等也较易风化,是提供土壤中磷、硫、镁、钙的物质来源。含钙最多的是石灰岩。硫主要来源于各种硫化物,如黄铁矿、闪锌矿中均含有硫。此外,许多原生矿物中还含有多种微量元素,如正长石中含有铷、钡、铜等,角闪石中含有镍、钴、锌,黑云母中含有钡、钴、锌、铜等。

#### (二)土壤有机质是土壤养分的重要来源

土壤有机质是土壤肥力的基础,它是土壤氮素和灰分元素的主要来源,尤其是土壤有机质中含有丰富的氮、磷、硫等元素,它们大部分以有机形式存在于土壤中,并使植物营养元素在土壤中得以保存和聚积。由于土壤有机质的分解比岩石矿物风化的速度快,所以由土壤有机质提供的这些养分元素所占的比重也比较大。因此,土壤肥力通常随着有机质含量的增加而提高。

### (三)人工施肥

人工施用的有机、无机肥料是农业土壤最重要的养分来源。有机肥料可以全面地增加多种养分,持续供应作物需要。化肥能增加土壤中速效氮、磷、钾和微量元素的含量,能直接供应作物吸收、利用。

### (四)降水及灌溉水

降水中常含有硫、氯、氮、磷等元素,据报道,每年每公顷土地上由降水带来的养分为 $25 \sim 75$ kg,其中 $NH_4^+ - N$ 约 5 kg,$NO_3^- - N$ 约 2 kg。灌溉水中也带来大量养分。

### (五)生物固氮作用

自然土壤的氮素主要来源于土壤微生物的固氮作用,生物固定的氮素每年可达 1 亿 t,其中自生固氮菌每年每公顷土壤上的固氮量可达 $30 \sim 75$ kg,豆科植物共生固氮菌为 $90 \sim 240$ kg,固氮藻类为 $38 \sim 75$ kg。

## 三、土壤养分的形态

土壤供肥能力的好坏,不仅要看土壤中各营养元素总量的多少,而且要看土壤养分的形态和转化。因为土壤中养分形态不是全部都能被植物吸收利用的,其中有一部分养分形态作物不能吸收利用,这种养分再多也不起作用。根据植物对各种营养元素吸收利用的难易程度,一般可以把土壤养分分为两大类。一类是速效性养分,又称有效养分,即不经过转化就可被植物直接吸收利用的养分,包括水溶性养分和交换性养分两种。水溶性养分是指能溶于水的无机物和有机物,植物可以直接吸收利用。交换性养分是指土粒表面吸附的交换性离子,植物可通过离子交换吸收利用。另一类是迟效性养分,主要是指土壤中的一些复杂的有机化合物和难溶的矿质化合物,植物不能直接吸收利用,必须经过分解转化成简单的易溶性的形态之后,植物才能吸收利用。土壤中的养分绝大多数是迟效性的,速效性养分在土壤中数量较少,如速效氮一般不超过全氮的1%。土壤中的速效性养分和迟效性养分不是绝对不变的,而是经常不断地互相转化,构成动态平衡。由难溶的迟效性养分转化为易溶的速效性养分的过程,称为养分的释放过程;反之,易溶的速效性养分由于化学和生物作用转化为难溶的迟效性养分的过程,称为养分的固定过程。土壤中速效性养分含量一般不多,减少养分的固定,促使土壤养分不断地从迟效态转化为速效态,保证作物能持续不断地吸收到养分,是作物获得高产的一个重要方面。

# 第二节 土壤中的氮、磷、钾

## 一、土壤中的氮素

土壤氮素状况是土壤肥力的一项重要指标。了解土壤中氮素形态及其转化是保持和提高土壤肥力、合理施用氮肥的重要依据。

## (一)土壤中氮的形态

土壤中氮的形态可分为无机态及有机态两大类。

### 1. 无机态氮

土壤中无机态氮的含量很少,表土中的无机态氮一般只占全氮量的 1% ~ 2%(相当于土壤中含氮 1 ~ 50 mg/kg),最多也不会超过 5% ~ 8%。土壤中无机态氮主要为铵态氮($NH_4^+ - N$)和硝态氮($NO_3^- - N$),其含量一般为 1 ~ 100 mg/kg,有时在短期内也可能存在亚硝态氮,但数量不多,一般在 1 mg/kg 以下。铵态氮是由土壤含氮有机物质通过微生物的水解和氨化作用而生成的,水田和旱地土壤中均可能产生。但由于它在好气条件下很容易变为硝态氨,所以只有在水田里才是比较稳定的,而且有可能累积。至于旱地土壤,在通气良好和其他条件适宜的情况下,即使刚刚施入土壤的铵态氮肥,也会在数天之内变成硝态氮。

土壤中的铵态氮和硝态氮都是水溶性的,前者主要为交换态,后者是土壤溶液的主要成分,也是能为植物直接吸收的速效养分。铵态氮能被土壤胶体吸附,不易流失。硝态氮不被土壤胶体吸附,极易随水流失。亚硝态氮也是水溶性的,一般不稳定,当土壤中累积过量时,对作物会产生毒害。

### 2. 有机态氮

土壤中的氮素主要以有机态存在,一般表层土壤中的有机态氮占全氮量的 90% 以上。土壤中有机态氮按其分解难易可分为水溶性有机态氮、水解性有机态氮和非水解性有机态氮三类。

#### 1)水溶性有机态氮

这类氮素一般不超过全氮量的 5%。从化学组成来看,主要包括一些简单的游离氨基酸、胺盐及酰胺类化合物。这类有机化合物,有的由于分子量较大或结构较为复杂,不能被植物直接吸收利用,但因分散在土壤溶液中,很易水解,能够迅速释放出 $NH_4^+$,成为植物速效氮的主要来源。

#### 2)水解性有机态氮

水解性有机态氮是经酸碱或酶处理,能水解成为较简单的易溶性化合物或直接生成铵化合物的一类有机态氮。通常上述水溶性有机态氮也包括在此有机态氮之内,其含量可占全氮量的 50% ~ 70%。按其化学组成不同还将这类有机态氮分为三类:第一,蛋白质多肽类,这是土壤氮素最主要的形态之一,一般占土壤全氮量的 1/3 ~ 1/2;第二,核酸类,过去一直认为核酸态氮是土壤氮素重要形态之一,现在发现它在土壤中所占的比例并不大,一般不超过全氮量的 10%;第三,氨基糖,最主要的氨基糖为葡萄糖胺,土壤中氨基糖态氮占水解性氮的 7% ~ 15%,相当于全氮量的 5% ~ 10%。

#### 3)非水解性有机态氮

这类氮素在土壤有机态氮总量中至少占 30%,高的可达 50%。这种形态的氮,既不溶于水,也不能用一般的酸碱处理使其水解。关于这种氮素的化学形态现在知道的还不多。

除上述各种含氮化合物外,在土壤中还存在大量的气态氮,它是土壤空气的主要成分,也是土壤中固氮微生物直接利用的氮素来源。

### (二)土壤氮的转化

**1.土壤有机态氮的有效化**

有机态氮是土壤氮素的主要部分。这些迟效氮需要在微生物的作用下,逐步水解成各种氨基酸,再通过氨化作用,分解为氨和铵盐,供作物吸收利用。在通气良好时,氨在土壤中还能进一步经硝化细菌的作用,生成硝态氮。

**2.土壤无机态氮的损失**

土壤中的无机态氮及当年施入的化学氮肥,不可能全部被作物利用,常通过各种途径而损失。例如,在石灰性土壤中,铵盐易被分解形成氨气而挥发;在嫌气条件下,土壤中的硝酸盐因反硝化作用造成氮的逸失;在降雨多的地区或灌溉区,硝态氮的淋失是相当严重的。

## 二、土壤中的磷素

### (一)土壤磷素存在状况

土壤中的磷素也可分为有机态磷和无机态磷两大类。有机态磷的含量变幅较大。在有机质含量为 2% ~3% 的耕作土壤中,有机磷占全磷的 25% ~50%。土壤有机质低于 1% 时,有机磷含量多在全磷含量的 10% 以下。土壤有机态磷来源于植物、微生物残体及施用的有机肥料,主要有核蛋白、核酸、植素等。土壤无机态磷根据溶解性不同可分为水溶性磷、弱酸溶性磷、难溶性磷三类。

**1.水溶性磷**

碱金属的各种磷酸盐和碱土金属的一代磷酸盐为水溶性磷,如 $KH_2PO_4$、$NaH_2PO_4$、$K_2HPO_4$、$Na_2HPO_4$、$Ca(H_2PO_4)_2$ 和 $Mg(H_2PO_4)_2$ 等。这类水溶性磷可被植物直接吸收利用,但数量很少,一般每千克土壤中只有几毫克。它们在土壤中极不稳定,容易转变成难溶性磷。

**2.弱酸溶性磷**

弱酸溶性磷主要为碱土金属的二代磷酸盐,如 $CaHPO_4$、$MgHPO_4$ 等。在土壤中这类磷化合物的含量比水溶性磷多。这类磷化合物能被植物吸收利用。水溶性磷和弱酸溶性磷统称为速效磷(或有效磷)。

**3.难溶性磷**

这类磷占土壤无机磷的绝大部分,植物难以利用,属迟效磷。在中性或石灰性土壤中,主要是磷灰石和磷酸八钙、磷酸十钙等。在酸性土壤中,主要是盐基性的磷酸铁铝。另外,土壤中还有由氧化铁铝胶膜包裹的磷酸盐,称为闭蓄态磷。由于氧化铁铝的溶解度极小,所以这种形态的磷在未除去其外层铁质胶膜时,很难发挥作用。闭蓄态磷在各种无机态磷中所占比例较大,如在强酸性土壤中往往超过50%,在石灰性土壤中可达30%以上。

土壤全磷包括速效磷和迟效磷。土壤速效磷只占全磷量的 1% ~2%。土壤中的速效磷与全磷量有时并无相关关系,所以土壤全磷量只能作为土壤磷素水平的指标,而土壤速效磷含量则是衡量土壤磷素供应状况的较好指标。

### (二)土壤中磷的转化

土壤中各种形态的无机磷和有机磷经常处于动态的变化之中,其中磷的固定不利于植物的吸收利用,而磷的分解和活化则可供给植物的需要。

1. 磷的固定

1）化学固定

土壤中大量存在的钙、镁、铁、铝等阳离子，可与磷酸盐作用形成溶解度很小的化合物，以致植物不能吸收利用。这个作用称为化学吸收作用或磷的化学固定。如在中性或碱性土壤条件下，磷酸一钙与土壤中的钙结合形成磷酸二钙、磷酸八钙及磷酸十钙，有效性降低。在酸性土壤中，磷酸一钙与土壤溶液中或胶体表面吸附的铁、铝离子作用后，生成磷酸铁铝沉淀。磷酸铁铝可进一步水解转化为极不易溶解的盐基性磷酸铁或盐基性磷酸铝等，更不易被作物吸收。

2）阴离子交换

在酸性土壤中，一些黏粒矿物的表面常有相当数量的氢氧离子（$OH^-$）群，它们能与磷酸二氢根离子（$H_2PO_4^-$）进行离子交换，而使磷酸根离子固定在黏粒矿物的表面。当土壤环境发生改变时，如土壤 pH 值升高，被固定的磷酸根离子也能重新释放出来。所以，对酸性土壤施用适量石灰，可提高磷的有效性。

3）生物固定

生物固定是指土壤微生物吸收有效态磷酸盐构成其躯体，使之变成有机态磷化合物的作用。这种固定的特点是时间短，易释放，一般对磷的有效性影响不大。

虽然磷酸盐在酸性或石灰性土壤中都存在着固定问题，但是土壤反应在微酸性至中性范围内，或在有机质含量较高的土壤中，磷的固定通常较弱，土壤磷的有效性较高。在石灰性土壤中磷的固定远没有在酸性土壤中严重。因此，在施用磷肥时，首先要考虑的是怎样才能便于根的吸收，其次才是如何防止固定的问题。

2. 磷的释放

难溶性磷在长期风化过程中，或是在有机酸、无机酸的作用下，可逐渐变成易溶性磷酸盐。

在作物根系分泌的有机酸和其呼吸过程中形成的碳酸作用下，难溶性磷酸盐可转化为易溶性磷酸盐。

$$Ca_3(PO_4)_2 + H_2CO_3 \longrightarrow 2CaHPO_4 + CaCO_3 \downarrow$$

在有机质分解时产生的酸或施用生理酸性肥料所产生的酸的作用下，难溶性磷酸盐也可转化为易溶性磷酸盐。

$$Ca_3(PO_4)_2 + 2CH_3COOH \longrightarrow 2CaHPO_4 + Ca(CH_3COO)_2$$

$$Ca_3(PO_4)_2 + H_2SO_4 \longrightarrow 2CaHPO_4 + CaSO_4$$

土壤中的有机磷在磷细菌作用下进行水解作用，逐渐释放出磷酸，供植物和微生物利用。生成的磷酸可以被植物或微生物直接吸收，也可以与钙、镁、钾、钠等结合形成磷酸盐，也可能发生固定作用变为植物不能利用的形态。

## 三、土壤中的钾素

### （一）土壤钾素存在状况

根据钾素在土壤中的存在状态及其对植物的有效性可分为矿物态钾、缓效态钾和速效态钾。

**1.矿物态钾**

矿物态钾主要以含钾矿物(如白云母、正长石等原生矿物)的形态存在于土壤的粗粒中,占土壤全钾量的90%~98%。这种形态的钾素是迟效性养分。

**2.缓效态钾**

缓效态钾包括层状黏粒矿物固定的钾和黑云母中的钾等,通常占全钾量的2%以下,高的可达6%。这类钾不能被植物迅速吸收,但可以转化为速效态钾,并与速效态钾保持一定的平衡关系,对保钾和供钾起着调节作用。

**3.速效态钾**

土壤速效态钾占全钾量的1%~2%,包括土壤溶液中的钾和吸附在土壤胶体表面的交换性钾,易被植物吸收利用。在速效态钾中,交换性钾约占90%,溶液中的钾约占10%。

土壤全钾含量反映了土壤钾素的潜在供应能力。土壤速效态钾则是当季土壤钾素供应水平的主要指标之一。

**(二)土壤中钾的转化**

土壤中不同形态的钾经常处于相互转化之中,既有钾的释放,也有钾的固定,依所处的土壤条件而定。土壤中钾的释放一般是指土壤中非交换性钾转变为交换性钾或水溶性钾的过程。在植物和微生物生命活动中所产生的各种无机酸和有机酸的作用下,难溶性钾可被分解而形成简单的可溶性钾盐,这个过程关系着土壤中速效态钾的供应和补给能力。土壤中钾的固定主要是指速效态钾转化为作物难以利用的钾的过程。某些含有较多层状黏粒矿物的土壤,在频繁的干湿交替中,黏粒晶层可以随水分的多少而膨胀、收缩。当水分多,晶层间膨胀时,钾离子($K^+$)可进入层间,陷入孔穴中;水分蒸发、晶层收缩后,钾被嵌入晶格而被固定,速效态钾就变成了缓效态钾。土壤中层状黏粒矿物数量愈多,土壤溶液中钾离子浓度愈高,对钾的固定也愈严重。此外,微生物吸收钾作为营养,可以出现暂时对钾的固定现象。

为了保证作物生长期间土壤中速效钾的充分供应,需要采取措施促进钾的有效化,并尽可能防止钾的固定和淋失。例如,根据作物生长发育的需要,实行合理排灌,采用地面覆盖等,可使土壤尤其是根际的土壤保持适宜的湿润程度,以减少钾的固定。对于水田,则应防止过度渗漏,消除串灌,适当控制烤田的程度和次数,避免干湿交替过于频繁,以减少钾的淋失和固定。

# 第三节　肥料概述

俗话说:"庄稼一枝花,全靠粪当家"、"收多收少在于肥"。肥料是作物的粮食,施用肥料是获得作物高产的重要条件。

## 一、肥料的概念

凡是施入土壤中或用来处理植物地上部分,能够改善植物营养状况和环境条件的一切物质都称为肥料。肥料的种类很多,按其成分和性质可分为有机肥料与无机肥料。

## (一)有机肥料

有机肥料是指含有大量有机质的肥料,如人粪尿、厩肥、绿肥、堆肥等。其所含营养元素比较完全,属于完全肥料,又称农家肥料。

## (二)无机肥料

无机肥料是指不含有机质的肥料。其中,大部分是由化肥工厂用化学方法生产或将开采的矿石经加工而成的肥料,称为化学肥料,如尿素、硫酸铵、过磷酸钙、磷矿粉等。但也有的是由农家生产的无机肥料,如草木灰,它属于农家肥料,而不属于化学肥料。

此外,根据肥效快慢又可分为速效肥、迟效肥和长效肥。按其作用又可分为直接肥料和间接肥料,前者能直接做植物的养分,后者(如石膏、石灰等)可用来改善土壤理化性质。按肥料所含氮、磷、钾三要素的完全与否还可分为完全肥料和不完全肥料。上述分类都是相对而言的,有时不易划清界限。

## 二、施肥的方式、方法

作物施肥的方式,一般可分为基肥、种肥和追肥等,现分述如下。

## (一)基肥

在播种前结合深耕或整地施用的肥料叫做基肥(或称底肥)。施基肥的目的一方面是改良土壤的理化性质,另一方面是供给作物较长时间生长发育所需要的养分。因此,基肥的用量较大,多用各种肥效迟缓而持久的有机肥料,有时也适当掺入一些磷、钾化肥。

施基肥的方法,通常是把肥料全面撒施在地表,然后翻埋入土壤中,或开沟埋肥。

## (二)种肥

种肥是在播种时施用的肥料。目的是为种子发芽、幼苗生长创造良好的条件。种肥一般宜用高度腐熟的有机肥料或速效性化肥等。由于种肥与种子或幼苗根直接接触,所以在选择肥料时,必须注意防止肥料对种子或幼根可能产生的腐蚀或毒害作用。种肥的用量要少,浓度稀薄,过酸、过碱及产生高温的肥料均不宜作为种肥。

种肥施用可采用拌种、浸种、盖种、蘸根、沟施、穴施等方法。

## (三)追肥

追肥是在作物生长发育期间施用的肥料。其目的是及时补充作物在不同的生长发育阶段所需要的养分。肥料的种类和数量,应根据各种作物及其发育阶段的需要而定。

追肥的方法一般有以下几种。

1. 撒施

撒施是指把肥料均匀撒在地面,有时浅耙 1~2 次,以与表层土壤混合均匀。撒施省工,但肥料用量大,利用率低。

2. 条施、穴施

条施、穴施是指在行间或行列附近开沟或开穴,把肥料施入,然后盖土。条施、穴施把肥料集中于局部范围内,能提高交换性养分离子的饱和度,从而提高离子态养分的有效性,充分发挥肥料的作用。

3. 浇灌

浇灌是指把肥料溶解在水中,然后全面浇在地面或在行间开沟注入后盖土。

### 4.叶面喷洒

叶面喷洒即根外追肥,是指把肥料溶于水中,稀释成一定浓度的溶液,喷洒于作物的叶面,供给作物吸收利用。根外追肥可避免土壤有效养分的固定和减少肥料流失,提高肥料利用率。但根外追肥不能完全代替土壤施肥的作用。

# 第四节　化学肥料

## 一、氮肥

### (一)作物氮素营养失调症状

氮是植物体内蛋白质和叶绿素的主要成分。蛋白质中氮的含量为15%～19%,它是生命活动的物质基础。叶绿素是光合作用的主要物质,缺氮时叶绿素不能形成。同时,氮也是酶、维生素和生长素的成分,所以氮是生命组成的基本元素。

当植物缺氮时,叶子变黄,光合作用降低,生长缓慢,发育不良,植株低矮,茎叶细小,衰老早熟。当氮素供应充足时,枝叶茂盛,叶大而颜色深绿,光合作用强度大,产量高。但当氮素供应过量时,则会引起茎叶徒长,贪青晚熟,易倒伏,抗病能力差,影响产量,降低品质。

### (二)常用氮肥的成分、性质和施用

常用氮肥的成分、性质和施用要点见表5-1。

表5-1　常用氮肥的成分、性质和施用要点

| 肥料形态 | 肥料成分 | 化学成分 | 含氮量(N%) | 酸碱性 | 性质和特点 | 施用技术要点 |
|---|---|---|---|---|---|---|
| 铵态氮肥 | 碳酸氢铵 | $NH_4HCO_3$ | 16.8～17.5 | 弱碱性 | 化学性质不稳定,白色结晶,易吸湿,易挥发,有强烈氨味,易溶于水 | 适用于各种土壤。应深施(10 cm左右)覆土,做基肥、追肥均可,不可做种肥。贮藏时要防潮,低温密封 |
| | 硫酸铵 | $(NH_4)_2SO_4$ | 20～21 | 弱酸性 | 吸湿性小,生理酸性肥料,易溶于水,作物易吸收 | 宜做种肥,做基肥、追肥亦可。石灰性土壤应深施,防止挥发。为防止酸化土壤,应配合施用有机肥或石灰 |
| | 氯化铵 | $NH_4Cl$ | 24～25 | 弱酸性 | 吸湿性小,生理酸性肥料,易溶于水,作物易吸收 | 做基肥、追肥均可,但不宜做种肥。盐碱地和忌氯作物不宜施用,施于水田效果比硫酸铵好 |
| | 氨水 | $NH_3 \cdot H_2O$ | 12～17 | 碱性 | 液体肥料,强碱性,挥发性强,有强烈的腐蚀性 | 旱田用做基肥或追肥都应开沟深施,水田可随水淌灌。贮运过程应防挥发、防渗漏、防腐蚀 |

| 肥料形态 | 肥料成分 | 化学成分 | 含氮量（N%） | 酸碱性 | 性质和特点 | 施用技术要点 |
|---|---|---|---|---|---|---|
| 硝态氮肥 | 硝酸铵 | $NH_4NO_3$ | 34~35 | 弱酸性 | 吸湿性强，易结块，生理中性肥料，无副成分，能助燃 | 适用于各类土壤和各种作物，但因吸湿性强，不宜做种肥，施于水田效果差。贮存时应注意防潮、防爆、防火 |
| | 硝酸钙 | $Ca(NO_3)_2$ | 13~15 | 中性 | 为钙质肥料，有改善土壤结构的作用，吸湿性强，生理碱性肥料 | 适用于各类土壤和各种作物，但不宜做种肥，不宜在水田施用，一般做追肥效果好。贮存时应防潮 |
| 酰胺态氮肥 | 尿素 | $CO(NH_2)_2$ | 45~46 | 中性 | 有一定的吸湿性，长期施用对土壤无不良影响。在土壤中的转化与土壤酸度、湿度、温度等条件有关，温度高时转化快 | 适宜做基肥，适用于各类土壤和各种作物。做追肥应比一般肥料提前3~5 d。不宜做种肥。尿素做根外追肥最为理想，但含缩二脲多的尿素不应做根外追肥 |
| | 石灰氮 | $CaCN_2$ | 20~21 | 碱性 | 多为灰黑色粉末，不溶于水。在碱性、干旱或微生物活动弱的土壤中，氰胺聚合成双氰胺，对作物有毒 | 适用于酸性土壤和一切作物。至少在播种前2~3周施用，或先与有机肥料堆沤2~3周。对皮肤黏膜有刺激和危害。不能与种子、幼芽接触 |

## 二、磷肥

### （一）作物磷素营养失调症状

磷是细胞核的重要组成部分，一般在种子和果实中含量丰富。磷的主要作用是促进细胞的分裂和生长，促进呼吸作用和光合作用的进行，同时还可以促进根系的发育，特别是促进侧根、细根的发育，对提高植物的抗旱、抗寒和抗病能力也有良好作用。

当土壤中磷素充足时，植株发育良好，生根快、发根多、成熟早、籽粒饱满，产量高、品质好。当土壤中磷素缺乏时，作物苗期表现为根系发育不良，叶色暗绿，严重时出现红紫色，生长停滞，后期表现为种子和果实成熟延迟，果实小、籽粒不饱满，产量低。

### （二）常用磷肥的成分、性质和施用

常用磷肥的成分、性质和施用要点见表5-2。

表 5-2　常用磷肥的成分、性质和施用要点

| 种类 | 肥料名称 | 主要成分 | 磷酸含量（$P_2O_5\%$） | 性质与特点 | 施用技术要点 |
|---|---|---|---|---|---|
| 水溶性磷肥 | 过磷酸钙 | $Ca(H_2PO_4)_2 \cdot H_2O$ 和 $CaSO_4 \cdot 2H_2O$ | 14~20 | 粉状,多灰白色,有吸湿性和腐蚀性,稍有酸味。含水溶性磷,呈酸性反应;含有50%左右的硫酸钙和<5.5%的游离酸 | 适用于一切土壤和各种作物,在酸性土壤上应配合施用石灰或有机肥料,特别适合豆科作物和绿肥作物,宜做基肥、种肥和根外追肥,并施于根层 |
| | 重过磷酸钙 | $Ca(H_2PO_4)_2 \cdot H_2O$ | 36~52 | 灰白色粉状或颗粒状,有吸湿性,无副成分,易溶于水,呈酸性反应,不含石膏。磷的含量相当于普钙的2~3倍 | 适用于各类土壤和各种作物,做基肥、种肥均可,用量应比过磷酸钙减少一半以上 |
| 弱酸溶性磷肥 | 钙镁磷肥 | a-$Ca_3(PO_4)_2$、CaO、MgO、$SiO_2$ | 14~19 | 灰绿色粉末,不溶于水,不吸湿、不结块,便于贮藏,呈碱性反应,所含磷酸能溶于弱酸 | 适用于酸性土壤,一般做基肥用,应施于根层。用于蘸秧根、拌稻种效果明显。在石灰性缺镁土壤上施用,效果也好 |
| | 钢渣磷肥 | $Ca_4P_2O_9$、$CaSiO_3$ | 8~14 | 黑褐色粉末,碱性,稍有吸湿性,物理性状好 | 适宜在酸性土壤上做基肥,不宜做追肥或种肥。与有机肥料混合堆沤后施用效果好 |
| | 沉淀磷肥 | $CaHPO_4 \cdot H_2O$ | 30~40 | 白色粉末,不易吸湿,其性质与钙镁磷肥相似 | 适宜在酸性土壤上做基肥 |
| | 脱氟磷肥 | a-$Ca_3(PO_4)_2$ 和 $CaP_2O_9$ | 20左右 | 深灰色粉末,不易吸湿结块,化学性质与钙镁磷肥相似,磷的含量随矿石质量而定 | 适宜在酸性土壤上做基肥 |
| 难溶性磷肥 | 磷矿粉 | $Ca_3(PO_4)_2F$ 或 $Ca_3(PO_4)_2$ | 10~25 | 呈灰、棕褐色等,形状似土,不吸湿、不结块,有的磷矿粉有光泽 | 适宜在酸性土壤上做基肥,后效长,可每隔3~5年施一次 |

## 三、钾肥

### (一)作物缺钾症状

钾在作物体内多分布在茎叶部分,主要以钾离子状态存在。

钾在作物生理代谢中极为活跃,能促进叶绿素的合成,改善叶绿体的结构,提高光合

作用效率;能促进糖、氮等物质的运输;是许多酶的活化剂;能增强作物抗寒、抗旱、抗倒伏、抗病等抗逆性能;能改善作物品质。

作物缺钾时,首先是植株下部的老叶、叶尖和边缘发黄,出现黄色或褐色的斑点或条纹,并逐渐向叶脉间蔓延,最后发展为坏死组织,易发生根腐病等。不同作物缺钾症状表现有所差异。

### (二)常用钾肥的成分、性质和施用

常用钾肥的成分、性质和施用要点见表5-3。

表5-3  常用钾肥的成分、性质和施用要点

| 肥料名称 | 化 学 成 分 | 含钾量 ($K_2O\%$) | 性质和特点 | 施用技术要点 |
| --- | --- | --- | --- | --- |
| 氯化钾 | KCl,有少量的 NaCl 杂质 | 50～60 | 白色或粉红色结晶,易溶于水,作物易吸收利用;吸湿性弱,生理酸性肥料 | 适用于各种作物,但对烟草等忌氯作物不宜施用,宜做基肥或深施,集中施用。与磷矿粉混合施用能提高磷的利用率 |
| 硫酸钾 | $K_2SO_4$ | 48～52 | 白色或淡黄色结晶,易溶于水,作物易吸收利用;不吸湿、不结块,生理酸性肥料 | 与氯化钾基本相同,但对忌氯作物施用效果比氯化钾好。适用于一切土壤 |
| 窑灰钾肥 | $K_2SO_4$、KCl、$K_2CO_3$、$K_2SiO_3$、$KAlO_3$ | 7～20 | 灰黄色或灰褐色粉末,松散轻浮;吸湿性强,生理强碱性肥料 | 只适宜在酸性土壤上施用,撒施前应与适量湿土拌匀 |
| 草木灰 | $K_2CO_3$、$K_2SO_4$、$K_2SiO_3$ 等 | 5～10 | 主要成分能溶于水,碱性反应,还含有磷及各种微量元素 | 适用于各种土壤和作物,宜做基肥 |
| 钾盐 | KCl,并含有多量的 NaCl | 30～40 | 晶体,颗粒大小不一,吸湿性小,易结块 | 适用于一切土壤,适用于对氯不敏感的作物,特别适用于喜钠作物,如甜菜等 |
| 钾镁盐 | $KCl \cdot MgSO_4 \cdot 3H_2O$,并含有 NaCl 等杂质 | 33 | 又称卤渣,是制盐工业的副产品。易溶于水,呈中性反应,吸湿性很强,易潮解 | 宜做基肥,不宜做种肥。在酸性土和砂性土中施用效果好。对忌氯作物及含盐分高的土壤不宜施用 |

## 四、复合肥料

### (一)复合肥料及其特点

同时含有氮、磷、钾等两种或两种以上营养元素的化学肥料称为复合肥料。如二元复合肥料、三元复合肥料及多元复合肥料等。

复合肥料的有效成分一般用 $N - P_2O_5 - K_2O$ 的相应百分含量来表示。例如,20 - 15 - 10 表示含氮为20%、含磷为15%、含钾为10%的三元复合肥料;18 - 46 - 0 表示含氮18%、含磷46%的二元复合肥料。复合肥料中几种营养元素百分含量的总和称为复合肥料的养分含量。养分含量高于30%的复合肥料,通常称为高浓度复合肥料,如硝磷钾等。

复合肥料按其制造方法一般可分为化成与混成两种类型。凡是在制造过程中经过化学反应而成的,称为化成复合肥料;将几种单质肥料机械地简单混合而成的,称为混成复合肥料。

复合肥料的优点如下:

(1)养分含量高。复合肥料养分总量较高,有的高达90%以上,且含营养元素的种类也较多。施用一次复合肥料至少可以同时供给作物两种以上的主要营养元素,如磷酸铵,含氮18%、磷46%,增产效果比等氮、等磷的单质肥料混合施用好。

(2)副成分少。例如磷酸铵等复合肥料不含任何无用的副成分,所含的阳离子和阴离子都可被作物吸收利用。粒状复合肥料比粉状或结晶状的单质肥料结构紧密,养分释放均匀,肥效稳而长。

(3)成本较低。据统计,生产1 t 20 - 20 - 0 的硝酸磷肥比生产同样成分的硝酸铵和过磷酸钙降低成本10%左右。1 kg 磷酸铵相当于 0.9 kg 硫酸铵和 2.5 kg 过磷酸钙的肥分,而在体积上却缩小约3/4,可节省运输费用和包装材料等,降低成本。

(4)物理性状好。复合肥料多为颗粒状,性质比较稳定,吸湿性小,不易结块,便于贮存和施用。复合肥料由于副成分少,不会对土壤产生不良影响。

但是复合肥料也存在一些缺点,主要是:

(1)养分比例固定。施用一种复合肥料往往很难同时满足各种土壤、作物的需要。

(2)各种养分在土壤中移动的规律不一样。如氮肥的移动性比磷、钾肥大,而后效却远不如磷、钾肥长。

因此,复合肥料在养分所处位置和释放速度等方面很难完全符合作物某一时期对养分的特殊要求。

为了充分发挥复合肥料的优点,克服其缺点,应当首先摸清当地土壤的特性和各种作物的需肥规律,然后选用适宜的复合肥料品种,并在复合肥料中混入部分单质肥料,以弥补复合肥料的不足。

### (二)复合肥料的性质和施用

复合肥料的性质和施用要点见表5-4。

表 5-4　复合肥料的性质和施用要点

| 肥料 | | | 养分含量(%) | | | 性质 | 施用技术要点 |
|---|---|---|---|---|---|---|---|
| 类型 | 名称 | 化学式 | N | $P_2O_5$ | $K_2O$ | | |
| 氮磷复合肥 | 氨化过磷酸钙 | $NH_4H_2PO_4$、$Ca(H_2PO_4)_2$、$CaHPO_4$ | 2~3 | 13~15 | — | 水溶性,吸湿性较小,中性反应 | 与过磷酸钙施用方法基本相同。应适当补充氮肥 |
| | 磷酸铵 | $(NH_4)_3PO_4$、$NH_4H_2PO_4$、$(NH_4)_2HPO_4$ | 12~18 | 46~52 | — | 水溶性,中性反应,有吸湿性,吸湿后易挥发 | 含磷量较高,应补充氮素。可做基肥,追肥宜早施,做种肥时不能与种子直接接触 |
| | 硝酸磷肥 | $CaHPO_4$、$NH_4H_2PO_4$、$NH_4NO_3$ | 12~20 | 12~20 | | 水溶性,弱酸性,吸湿性强,易结块 | 在北方宜做追肥施用,但水田不宜施用 |
| | 硫磷铵 | $(NH_4)_2HPO_4$、$NH_4H_2PO_4$、$(NH_4)_2SO_4$ | 16 | 20 | | 水溶性,中性,吸湿性小 | 适用于任何作物和土壤,可做基肥、追肥、种肥 |
| 磷钾复合肥 | 磷酸二氢钾 | $KH_2PO_4$ | — | 50 | 30 | 水溶性,酸性,吸湿性较小 | 多用于根外追肥或浸种,喷施浓度为0.1%~0.3%,浸种浓度为0.2% |
| | 钙镁磷钾肥 | | — | 12~16 | 1~2.5 | 弱酸溶性,碱性,不结块 | 适宜在酸性、中性、缺钙、缺镁的土壤中使用 |
| | 偏磷酸钾 | $KPO_3$ | — | 54~59 | 35~39 | 不溶于水,溶于2%柠檬酸,弱酸性 | 适用于一切作物,可在砂土上做基肥 |
| 氮钾复合肥 | 硝酸钾 | $KNO_3$ | 13 | — | 46 | 白色带黄色结晶,溶于水,吸湿性小,不易结块 | 宜做喜钾忌氯作物的追肥,水田不宜施用,根外追肥浓度为0.6%~1.0% |
| | 氮钾混合肥 | $(NH_4)_2SO_4$、$K_2SO_4$ | 14 | — | 16 | 白或灰色、淡黄色结晶,易溶于水,吸湿性小,不易结块 | 适宜各种作物和土壤,可做基肥、追肥或种肥,不宜与碱性肥混用 |

| 肥料 | | | 养分含量（%） | | | 性质 | 施用技术要点 |
|---|---|---|---|---|---|---|---|
| 类型 | 名称 | 化学式 | N | $P_2O_5$ | $K_2O$ | | |
| 氮磷钾复合肥 | 铵磷钾 | $(NH_4)_2SO_4$、KCl（或$K_2SO_4$）磷酸盐 | 10 ~ 12 | 20 ~ 30 | 10 ~ 15 | 灰白色或浅褐色颗粒；化学性质同磷酸铵、硫酸钾 | 可做基肥、种肥和追肥，主要用于忌氯经济作物，要适当配施氮肥 |
| | 硝磷钾 | $CaHPO_4$、$NH_4NO_3$、$NH_4H_2PO_4$、$KNO_3$、尿素、硝酸钾 | 10 | 10 | 10 | 有吸湿性，氮、钾是水溶性，磷30% ~ 50%为水溶性、50% ~ 70%为弱酸溶性 | 主要用于烟草 |
| | 尿素－钾－磷肥 | 磷酸二铵溶合而成 | 28 | 14 | 14 | $NO_3^-$－N 4%、$NH_4^+$－N 6%、酰胺态氮18% | 有不同形态的氮素，具有不同肥效，可用于果树和经济作物 |

## 五、微量元素肥料

微量元素在作物体内大多是组成酶、维生素和生长刺激素的成分，直接参与有机体的代谢过程。它们具有很强的专一性，缺少了任何一种微量元素都会影响作物的正常生长和产量。土壤中微量元素的含量按其总量来说，足够作物长期利用。但是因为受到土壤条件的影响，容易被转变为不能被作物吸收利用的状态。近几十年来，随着作物产量的大幅度提高，一般只重视施用含大量元素的化肥，忽视了有机肥料的施用量，致使某些地区不同程度地出现缺乏各种微量元素的现象，对继续提高单产有很大影响。但是，如果这些元素过多，也能引起作物中毒，影响作物产量和质量，还可能引起人、畜某些疾病的发生。合理施用微量元素肥料，能够达到趋利避害，既提高作物产量，又改善农产品品质的双重目的。

### （一）常用微量元素肥料的种类和性质

常用微量元素肥料的种类和性质见表5-5。

### （二）微量元素肥料的施用方法

在微量元素肥料中，通常以铁、锰、铜、锌的硫酸盐、硼酸、钼酸及其一价盐（可溶性）及 EDTA 螯合物的应用较多。

微量元素肥料可做基肥、种肥或追肥施入土壤，特别是利用工业上含有微量元素的废弃物做肥料时，多采用这种方法。为了节约肥料并提高肥效，常采用条施或穴施。土壤施用微量元素肥料有后效，一般 3 ~ 4 年施用一次。

对于速效性的微量元素肥料多采用植物体施肥法。

（1）拌种。用少量水将微量元素肥料溶解，配成较高浓度的溶液，喷洒在种子上，边喷边搅拌,使种子沾有一层肥料溶液,阴干后播种。优点是种子吸水比浸种少,比较安全。拌种用肥量一般为每千克种子2~6 g,拌种用水量一般为每千克种子40~60 mL。

表5-5  常用微量元素肥料的种类和性质

| 种类 | 肥料名称 | 主要成分 | 微量元素含量(%) | 主要性状 |
|---|---|---|---|---|
| 硼肥 | 硼砂 | $Na_2B_4O_7 \cdot 10H_2O$ | 11 | 白色结晶或粉末,在40 ℃热水中易溶,不吸湿 |
| | 硼酸 | $H_3BO_3$ | 17.5 | 性状同硼砂 |
| | 硼泥 | 含硼、钙、镁等元素 | 0.5~2 | 主要成分能溶于水,是硼砂、硼酸工业的废渣,呈碱性,应中和后施用 |
| | 硼镁肥 | $H_3BO_3 \cdot MgSO_4$ | 1.5 | 灰色粉末,主要成分溶于水,是制取硼酸留下的残渣,含MgO 20%~30% |
| | 含硼过磷酸钙 | $Ca(H_2PO_4)_2 \cdot H_3BO_3$ | 0.6 | 含MgO 10%~15%、$P_2O_5$ 6%左右,灰黄色粉末,主要成分易溶于水 |
| 钼肥 | 钼酸铵 | $(NH_4)_2Mo_7O_4 \cdot 4H_2O$ | 50~54 | 青白或黄白色结晶,易溶于水,含氮6%左右 |
| | 钼酸钠 | $Na_2MoO_4 \cdot 2H_2O$ | 35~39 | 青白色结晶,易溶于水 |
| | 钼渣 | 重工业含钼废渣 | 5~15 | 杂色粉末,难溶于水,含有效钼1%~3% |
| 锌肥 | 硫酸锌 | $ZnSO_4 \cdot 7H_2O$<br>$ZnSO_4 \cdot H_2O$ | 23~24<br>35~40 | 白色或浅橘红色结晶,易溶于水,不吸湿 |
| | 氯化锌 | $ZnCl_2$ | 40~48 | 白色结晶,易溶于水 |
| | 氧化锌 | $ZnO$ | 70~80 | 白色粉末,难溶于水,能溶于稀醋酸、氨或碳酸铵溶液中 |
| 锰肥 | 硫酸锰 | $MnSO_4 \cdot 3H_2O$ | 26~28 | 粉红色结晶,易溶于水 |
| | 氯化锰 | $MnCl_2 \cdot 4H_2O$ | 27 | 粉红色结晶,易溶于水 |
| | 锰矿泥 | | 6~22 | 难溶于水,是炼锰工业废渣 |
| 铁肥 | 炼铁炉渣 | | 1~6 | 难溶于水 |
| | 硫酸亚铁 | $FeSO_4 \cdot 7H_2O$ | 19~20 | 淡绿色结晶,易溶于水 |
| | 硫酸亚铁铵 | $(NH_4)_2SO_4 \cdot$<br>$FeSO_4 \cdot 6H_2O$ | 14 | 淡绿色结晶,易溶于水 |
| 铜肥 | 硫酸铜 | $CuSO_4 \cdot 5H_2O$ | 24~26 | 蓝色结晶,易溶于水 |
| | 含铜矿渣 | | 0.3~1 | 又称黄铁矿渣,难溶于水 |

(2)浸种。微量元素肥料浸种常用的浓度是0.01%~0.02%,时间为12~24 h。

(3)蘸秧根。这是水稻及其他移植作物的特殊施肥方法。用于蘸秧根的肥料应该不含危害幼根的物质,酸碱性不能太强。

(4)根外喷施。根外喷施是经济、有效使用微量元素肥料的方法,常用的浓度为0.01%~0.1%,具体用量因作物种类、植株大小等而有不同。以叶片的背面都被溶液沾湿为足量。每公顷一般喷灌 1 125 kg。试验证明,对柑橘或桃树喷锌比施入土壤中效果大几倍,其原因是土壤对锌的固定作用而影响了植物的吸收。硼、锰和铁也是如此。

# 第五节 有机肥料

现代农业也称石油农业,以大量投入为特征,其中化肥投入占很大的比重,在种植业中起着举足轻重的作用,可以说现代农业离开化肥是不可想象的。正是由于长期大量地施用化学肥料,土壤肥力越来越依赖所用肥料的种类和数量,农作物的生长发育也越来越依赖化肥的施用。同时,由于施用化肥所引起的一系列问题已严重威胁到农业的持续发展,也越来越引人关注,诸如肥料养分流失导致水质污染、土壤养分不平衡和土壤性质恶化、农作物品质下降和风味不足、化肥投入与产出比例降低等,目前已成为迫在眉睫的问题。有机农业就是在这种情况下被提出来的,其重要特征之一就是用有机肥料代替化学肥料。因此,大力开发、推广和应用有机肥料,不仅具有经济效益,而且对农业可持续发展和环境保护也具有十分重要的意义。

## 一、有机肥料的特点和作用

简单地说,有机肥料就是由各种有机物料加工而成的肥料,俗称农家肥料。比起化学肥料,有机肥料有许多独特之处。有机肥料种类多、来源广、数量大,不仅含有作物必需的大量元素和微量元素,还含有丰富的有机质,但是养分含量低,肥效缓慢,加工制造和施用时需要较多的劳力和运输力。有机肥料的作用主要表现在以下几个方面。

### (一)改良和培肥土壤

农业可持续发展的首要条件就是必须维持和不断提高土壤肥力,而有机质的含量是土壤肥力的重要指标。我国目前约有11%的土壤有机质含量低于 6 g/kg,土壤的保水、保肥能力很低。有机肥料一般都含有大量的包括腐殖酸类的有机物质,长期施用有机肥料,可明显地改善土壤物理性质,促进土壤颗粒的团聚,形成多级团粒结构体,孔隙状况得到改善,土壤干密度下降,耕性变好,保水、保肥和缓冲性能都能得到提高。一些试验结果表明:连续 3 年每公顷施用猪圈粪22.5 t,土壤储水量(0~40 cm)可提高 3 mm。这对于我国广大干旱和半干旱地区有极其重要的意义。

### (二)活化土壤养分,平衡养分供给

长期施用氮、磷、钾化学肥料,必然导致土壤中缺乏一些微量元素,我国土壤微量元素缺乏的面积和种类越来越大就是最好的证明。尽管有机肥料中氮、磷、钾养分含量较低,但其含有作物生长发育所需要的几乎所有的营养元素,尤其是微量元素,不仅种类多,而且数量大,有效性高。有机肥料中的养分只有经过微生物缓慢分解后,才能转化为作物能够吸收的无机形态,所以是缓效养分。可见,有机肥料不仅向作物提供各种营养元素,而且可以平缓地供给作物全生育期需要的养分。据研究,作物更容易吸收利用有机肥料中

的氮、磷、钾,其增产效果比化肥更好,对于粮食作物增产效果的大小顺序为:有机肥料钾 > 有机肥料氮 > 有机肥料磷 > 化肥氮 > 化肥磷。

有机肥料中的有机物质能够与锌、铁、铝等金属离子结合,一方面可提高锌、铁、锰等养分的有效性,另一方面可以提高磷等养分的有效性,所以一般强调磷肥与有机肥料一起施用。另外,有机物质在分解过程中,产生大量的有机酸和$CO_2$,有机酸能够提高土壤中许多养分的有效性,$CO_2$有利于作物的光合作用。在温室栽培条件下,$CO_2$浓度的提高可显著地增加作物产量。

### (三)提高土壤生物活性,维持生物多样性

长期施用化肥的负面影响之一就是减少土壤生物的数量,降低土壤生物的活性和生物多样性,作物更容易遭受有害病菌的侵染。长期施用有机肥料,不仅可以大大增加土壤生物的数量,而且其种群数量和结构也得到改善,有害病菌数量相对下降。由于生物数量及其活性的提高,土壤中的物质和能量循环加快,土壤成为活跃的生命体。

### (四)促进作物生长,改善产品品质

有机肥料含有腐殖酸类物质、氨基酸、糖等多种成分,有些物质对作物根系的生长具有一定的刺激作用,许多微生物的代谢产物不仅能够促进根系的生长,而且可增强作物的抗病能力。农产品品质是当今人们非常关心的问题,大量研究结果表明:施用有机肥料,作物产品品质得到很大的改善,蛋白质、维生素等含量提高,并且具有特色和风味,硝酸盐等一些有害成分减少,并且比较耐贮存。

### (五)减轻环境污染,节约能源

有机肥料主要来源于工业、农业和城市等有机废弃物,这些废弃物如果不能得到很好的利用,不仅浪费宝贵的自然资源,而且会污染环境,传播病菌,其堆放还会占用大量的耕地。众所周知,农作物秸秆的燃烧严重污染空气,养猪场的粪尿散发恶臭,污染水质,是蚊蝇的滋生场所。利用这些废弃物进行沼气发酵,不仅生产出优质肥料,而且生产出沼气,部分解决农村的燃料问题。另外,有机肥料部分代替无机肥料,可以节省生产化学肥料所消耗的能源。

## 二、有机肥料的种类及其特性

### (一)粪尿肥

人、猪、牛、羊、马、鸡、鸭等的粪尿一直是我国农民普遍使用的有机肥料,其数量极其巨大。粪尿肥不仅含有大量的氮、磷、钾,而且含有钙、镁、硫及微量元素,还含有多种氨基酸、纤维素、碳水化合物、酶等成分。

粪尿来源不同,不仅养分含量有差异,而且肥效也有很大的差异。猪粪质地较细,纤维素较少,蜡质较多,碳氮比(C/N)较低,含水量较多,纤维素分解菌较少,分解比较慢,分解时产生的热量较少,形成的腐殖质较多,有利于培肥改良土壤。

牛粪的质地也较细密,含水量较高,C/N 约为 21:1,分解比猪粪慢,产生的热量更少,常称为冷性肥料。

马粪纤维素含量高,质地粗,疏松多孔,含水少,并含有较多的高温纤维素分解菌,C/N 约为 13:1,因此马粪比牛粪分解要快,发热量大,所以称为热性肥料。

羊粪的性质与马粪相似,粪干燥而致密,C/N 为 12:1,也属热性肥料,用于苗床肥,有利于发芽和幼苗生长。

### (二)饼肥

油料作物的种子提取油后剩下的残渣,含有丰富的营养成分,用做肥料时就称为饼肥。饼肥的种类很多,主要有大豆饼、菜籽饼、花生饼、棉籽饼等。油饼的有机物质的含量一般为 750~800 g/kg,氮(N)20~70 g/kg,磷($P_2O_5$)10~20 g/kg,钾($K_2O$)10~20 g/kg,还含有一些微量元素。油饼中的氮主要是蛋白质,磷主要是植酸及其衍生物和卵磷脂等,钾大部分是水溶性的,用热水浸提可以溶出油饼中 95% 以上的钾。油饼的 C/N 较小,一般比较容易分解,但因常含一定数量的油脂,致密呈块状,影响分解速度,所以要把油饼粉碎,以加速其分解。油饼可做基肥、种肥和追肥,一般经过发酵腐熟后再施用。未发酵的油饼做种肥时,应避免与种子直接接触,以免影响种子萌发。施用量一般为每公顷 450~1 125 kg,沟施或穴施均可。

### (三)秸秆肥

农作物秸秆是有机肥料最重要的原材料来源,数量巨大。一般来说,粮食作物的产量与秸秆量有 1:1 的关系,我国年生产粮食约 4.5 亿 t,也就是说,年产秸秆约 4.5 亿 t。目前,大部分秸秆用做燃料或被烧毁,只有极少部分直接还田,或喂牛后过腹还田。

秸秆的主要成分是纤维素和木质素,一般都含有较多的碳,C/N 高,分解速度很慢。一般来说,C/N 值越高,分解的速度越慢;纤维素和木质素含量越高,分解越慢。

作物收获后,把秸秆直接翻入土中,让其自然腐烂,称为秸秆还田。秸秆还田是增加土壤有机物质的简便途径,能够改善土壤的物理性质,培肥改土,提高土壤生物的活性,减少养分淋失,活化土壤养分,使一些养分的有效性提高。

秸秆还田的效果与所采用的方法有密切关系,如果处理不当,会影响种子萌发和根系生长,病虫害加剧,导致作物减产。实施秸秆还田时必须注意以下几点:

(1)增加氮肥用量。禾本科作物秸秆的碳氮比很大,微生物在分解秸秆时,从土壤吸收氮素,出现与作物幼苗争夺氮素现象,影响幼苗的正常生长。所以,必须适当增加氮肥和磷肥的用量。

(2)秸秆应切碎后耕翻入土,适当镇压,否则会导致土壤水分损失,影响根系生长。

(3)秸秆还田量不宜过多,一般每公顷在 7 500 kg 以下,否则影响分解速度,而且秸秆分解过程中产生各种有机酸,对作物根系产生毒害作用。

(4)应避免把病虫害严重的秸秆还田,防止病虫害蔓延。

### (四)泥炭和腐殖酸肥

泥炭又名草炭、泥煤、草煤等,它是在长期的积水和低温的条件下,植物的残体不完全分解,逐渐形成的一层棕黑色的有机物质。我国黑龙江和吉林较多,其他地区也有零星分布。

一般将泥炭分为三大类型,即低位泥炭、中位泥炭和高位泥炭。低位泥炭一般分布在地势低洼处,分解完全,养分和腐殖质含量较高,呈酸性到中性反应,可以直接作为肥料应用,所以又称富营养型泥炭,我国泥炭多为此类型。高位泥炭多分布在高寒地带,分解程度低,养分和腐殖质含量也低,呈酸性,持水量和吸收气体的能力较强,可做畜舍的垫料和堆肥原料,不宜直接做肥料,所以常称为贫营养型泥炭。中位泥炭的性质介于上述二者之间,又称为过渡类型泥炭。

有机质和腐殖酸的含量是泥炭质量的重要指标。有机质含量一般为 $400 \sim 700$ g/kg,高的可达 $800 \sim 900$ g/kg,低的只有 $300$ g/kg;腐殖酸的含量一般为 $200 \sim 400$ g/kg,高的达 $500$ g/kg,低的在 $100$ g/kg 以下。泥炭一般含 N $12 \sim 15$ g/kg、$P_2O_5$ $1.0 \sim 3.0$ g/kg、$K_2O$ $3.0 \sim 5.0$ g/kg,C/N 一般为 $20:1$ 左右,低位泥炭略高,中、高位泥炭略低。泥炭一般都具有较强的吸水和吸氨能力,干泥炭能吸收其自身重量 $3 \sim 6$ 倍的水分,吸氨量达 $5 \sim 40$ g/kg。

泥炭的用途非常广泛,常用做营养钵基质和吸附材料,也可直接用做肥料或土壤改良材料,腐殖酸类肥料(简称腐肥)就是采用含腐殖酸的泥炭作为主要原料,加入适量氮、磷、钾等营养元素,加工制造而成的。目前,研制开发的腐殖酸类肥料非常多,既有固体的肥料,也有液体的叶面肥料,常见的有腐殖酸铵、腐殖酸钠等。腐殖酸类肥料不仅可以向作物提供氮、磷及微量元素营养,而且对作物的一些生理生化过程起促进作用,如促进光合作用,刺激生长,提高其抗旱、抗寒能力等。

## 三、有机肥料的加工制造技术

有机物料由于来源广泛,成分复杂,体积庞大,长期以来都采用堆、沤的方法,无法进行工业化生产,肥料的质量一般都比较相近。近 20 年来,国内外已研究出不少有机肥料快速发酵和加工技术。近几年来,我国从日本等国家引进先进的技术,快速处理秸秆和城市有机废弃物,加工制造成有机肥料,在一些地区得到应用,并取得了良好的效果。

### (一)高温发酵堆制技术

传统的有机肥料加工制造方法就是堆制,即把各种有机物料堆成一定大小的堆,经过 1 个多月的发酵,即成为有机肥料,这种肥料称为堆肥。现在通过改善通气条件,控制水分含量,调节有机物料的 C/N 及应用机械设备,甚至接种快速发酵的微生物,堆制时间大大缩短,连续进料和连续出料,基本上实现了工业化的生产。

1. 堆制原理

有机肥料的堆制实际上是一个微生物发酵的过程,如果温度在 50 ℃ 以下,就是普通堆制方法,简称普通堆肥,农民一般都应用此种方法。如果温度高于 65 ℃,就是高温堆制,简称高温堆肥,大规模生产都采用这种方法。无论哪种方法,堆制过程一般分为三个阶段,即发热阶段、高温阶段和降温阶段,但各个阶段持续的时间不一样。

1)发热阶段

堆制初期,物料堆内的温度由常温升到 50 ℃ 左右的阶段为发热阶段。此时的微生物以中温好气性为主,主要分解糖、淀粉、蛋白质等有机物质。

2)高温阶段

随着物料堆内温度的上升,逐渐达到最高温,这个阶段就是高温阶段。此时,高温微生物代替中温微生物,半纤维素、纤维素和果胶等大量被分解,同时开始进行腐殖质的合成。

3）降温阶段

随着温度的升高,高温微生物逐渐死亡,温度又下降,这就是降温阶段。此时,中温微生物又代替高温微生物,继续分解剩下的纤维素、半纤维素和木质素,但以腐殖质形成为主。

2. 堆制条件的控制

有机物料发酵的速度不仅与微生物有关,而且取决于堆制的条件,为加速腐熟,减少养分的损失,必须调节好以下几个条件。

1）水分

水分直接影响微生物的活动。水分过多,嫌气发酵加强,延长堆制时间;水分过少,会加强好气性微生物活动,分解速度加快,易造成氨的损失。水分还影响微生物的移动,适量的水分有利于微生物的移动,使发酵在整个物料堆中进行。适宜的水分加入量一般为原料湿重的60%～75%,或用手紧握时,指缝有少量水出来即可。一般要求前期水分适量,中期及时补充,后期水分稍多,维持嫌氧的环境。

2）空气

堆制前期,应加强通气,物料堆不应压得太紧,必要时可开通气沟,并经常进行翻捣。高温阶段以后,应创造和维持嫌气环境,压紧肥堆。

3）温度

各类微生物对温度有不同的要求,嫌气性微生物的适宜温度为 25～37 ℃,好气性中温微生物的适宜温度为 40～50 ℃,高温微生物的适宜温度为 60～65 ℃。可见,控制堆内的温度就可以控制微生物的种群及其活性。

4）物料的碳氮比（C/N）

微生物在分解有机物质时,利用有机物质中的碳、氮等组建其躯体,所以有机物质的碳氮含量比例,直接影响微生物的繁殖,也就影响有机物质的分解速度。一般说来,微生物平均每利用 5 份碳来组建其躯体时,需要 1 份氮和另外消耗 20 份碳,所以有机物料中的碳氮物质的量比应该为 25：1 左右。过低时,有机物料分解很快,但腐殖质形成较少;过高时,由于氮素不足,有机物料分解很慢,但有利于腐殖质的形成。禾本科作物秸秆的 C/N 为（80：1）～（100：1）,而豆科作物秸秆的 C/N 只有 20：1 左右。一般将堆肥的有机物料 C/N 调节到（40：1）～（50：1）,分解速度不仅较快,而且腐殖质形成也较多。可见,用禾本科作物的秸秆作为堆肥材料时,必须加入适量的氮素。

5）酸碱度

微生物生长繁殖需要一定的酸碱度,适宜的酸碱度 pH 值为 6.4～8.0,过低不利于有机物质的分解,过高会导致氨的挥发。在堆制过程中会产生一定数量的有机酸,抑制微生物的活动,所以一般在物料中加入一定量石灰、草木灰等碱性物质,以中和酸,同时还能够破坏秸秆表面的蜡质层,有利于物料的分解。

3. 堆肥的质量控制

有机物料的腐熟程度不仅可通过测定堆内温度及一些成分的变化来判断,而且肉眼也可以分辨出来。腐熟的有机物料一般为黑褐色,汁液浅棕色或无色,有臭味,材料完全变形,很容易破碎。

堆肥养分含量因材料种类及配比、堆制方法等不同而变幅非常大,目前还难以建立统一的质量标准。其质量指标主要包括病菌、虫卵和杂草种子的数量,腐殖质及氮、磷、钾等养分的含量。高温堆肥有机质含量 $241 \sim 418$ g/kg、N $10.5 \sim 20.0$ g/kg、$P_2O_5$ $3.0 \sim 8.2$ g/kg、$K_2O$ $4.7 \sim 25.3$ g/kg、C/N 为 $(9.67:1) \sim (10.67:1)$。

### (二)嫌氧发酵技术

嫌氧发酵是利用嫌氧性微生物分解有机物料,从而加工制造有机肥料。完全嫌氧一般视为沼气发酵,不完全嫌氧发酵就是有机肥料的沤制技术,简称沤肥。沤肥曾是我国南方水网地区重要的有机肥料生产方式。

**1. 有机肥料的沤制技术**

沤制方法比较简单,有机物质分解很慢,腐熟时间长,腐殖质积累较多。其技术要点是:①保持浅水层,使材料泡在水中,隔绝空气。②调节有机物料的碳氮比和酸碱度。③加入腐熟或半腐熟的沤肥。④经常翻动,调整过强的还原条件,以利于微生物活动,加速有机物料的分解。⑤防止渗漏和漫水。

**2. 沼气发酵**

将有机物料置于密闭无氧的条件下,经过嫌氧性微生物的作用,有机物料中40%的碳转化为甲烷($CH_4$)气体,即沼气,这就是沼气发酵。沼气发酵剩下的残渣可用做饲料,也可用做肥料,液体也可用做肥料,这就是沼气肥料。

沼气发酵过程非常复杂,有多种微生物参加,但沼气是由绝对嫌氧的甲烷细菌所产生的。沼气发酵时氮素的最低需要量为有机碳的2.5%,磷酸盐的需要量约为氮的20%,C/N 以 $(25:1) \sim (30:1)$ 为最佳。沼气发酵有高温($47 \sim 55$ ℃)、中温($30 \sim 38$ ℃)和低温或自然温度($10 \sim 30$ ℃)三种类型,其日产气量分别为 $5 \sim 6$ $m^3$、$2 \sim 3$ $m^3$ 和 $0.1 \sim 0.5$ $m^3$。有机物料与水的比例,夏季为 $(8 \sim 10):(92 \sim 90)$,冬季为15:85,过多过少都不好。酸碱度一般控制在 pH 值为 $6.7 \sim 7.6$ 的范围。pH 值低于6.5或高于8.5,甲烷细菌几乎停止繁殖。

### (三)有机无机复混肥料加工技术

如何合理充分地利用有机废弃物,一直是困扰人们的问题。若制造成有机肥料,由于其体积大,养分含量低,肥效比较慢,很难大面积推广应用。化学肥料养分含量高,肥效快,但养分损失严重,长期施用对土壤和环境会造成不利的影响。将两种肥料结合起来,生产有机无机复混肥料,则可以克服二者的短处,发挥它们的长处,是肥料发展一个新的方向。

有机无机复混肥料加工生产的关键技术在于:

(1)有机肥料的前处理。根据有机物质的来源,高温烘干,或高温发酵,一方面减少水分含量,另一方面杀死有害微生物和虫卵。

(2)将有机肥料粉碎到一定的细度,以利于造粒。

(3)使有机肥料与化肥有合适的比例,既有利于造粒,又能充分发挥有机和无机肥料的作用。

有机无机复混肥料的造粒可采用普通复混肥料的造粒方法,根据实际情况做适当的修改。目前,我国已有不少厂家生产多种造粒设备,完全适合生产有机无机复混肥料。

## 四、绿肥

凡是直接翻压或割下堆沤作为肥料使用的鲜嫩作物都叫做绿肥,一般都是豆科作物,主要有紫云英、苕子、苜蓿、草木樨、田菁、肥田萝卜等。我国种植绿肥已有 1 500 多年的历史,在世界上种植绿肥作物面积最大。但近十年来,随着化肥用量的增加,绿肥种植面积大幅度减少。宣传和推广绿肥种植技术,刻不容缓。

### (一)绿肥的作用

绿肥的作用表现在很多方面,大多数绿肥可以作为家畜的饲料,对土壤和作物的作用主要表现在培肥土壤,提供氮、磷、钾养分等方面。由于绿肥作物抗寒、抗旱及耐盐碱、耐瘠薄的能力很强,常常作为改良土壤的先锋作物,也用于护坡,防止水土流失,保护、美化环境。

#### 1.提供养分

绿肥一般都具有很强的吸收养分能力,尤其利用磷的能力很强,能够吸收利用矿物态磷酸盐。由于其根系非常发达,可以从底层 2 m 深的土壤中吸收养分,从而增加表层土壤的养分含量。绿肥作为豆科作物,还能固定空气中的氮气,如紫花苜蓿固氮量为 52.5 ～ 150 kg/hm$^2$,相当于硫酸铵 262.5 ～750 kg,目前,全世界的生物固氮量约 1.8 亿 t,而工业固氮量仅为 0.45 亿 t,可见生物固氮是土壤氮素的主要来源。

#### 2.培肥改土,减少水土流失

绿肥的根系庞大,而且常常生长到 2 m 深处的底土中,从而增强了土壤的通透性。绿肥分解后可形成大量腐殖质,有利于土壤团粒结构形成,使土壤的物理性状得到改善,保水、保肥能力提高。盐碱土上种植绿肥,能抑制返盐,促进脱盐。绿肥作物茎叶茂盛、根系庞大,能很好地覆盖地面,缓和雨水对地表的侵蚀和冲刷,减少地面径流,避免水土流失,同时也可减少土壤风蚀。

### (二)绿肥的栽培技术

我国幅员辽阔,各地自然条件差异很大,要因地制宜地实行粮与绿肥间、套、复、混、轮种等种植形式,利用水田、旱地、山坡等多种空间,将种植业与畜牧业、培肥土壤与充分利用土壤资源、环境保护与资源利用等有机地结合起来。目前,所采用的种植方式主要有绿肥与粮食轮作、稻—稻—紫云英复种、玉米或棉花与绿肥套种或间作等。

不同的绿肥作物,不同的土壤、水肥、管理条件,应采取不同的栽培技术。总的来看,绿肥种植的关键技术在于播种、田间管理两大环节。

(1)适宜的播种期和播种量。适时播种是保证绿肥正常生长和获得高产的前提条件,根据当地的气候条件、绿肥的生物学特性和茬口情况,选择合适的绿肥品种,适时播种。另外,还应根据播期、播种方式、种籽发芽率等确定合适的播种量。

(2)提高播种质量。要保证播种质量,必须选用优质种子。对一些"硬"种子必须进行"擦种"处理,以破坏种皮,提高种子的出苗率。在新的种植地区,应该接种根瘤菌,提高其固氮能力。良好的土壤条件也是保证出苗早、苗齐、苗壮的重要措施。

(3)加强田间管理。尽管绿肥具有很强的抗寒、抗旱等特性,吸收养分的能力也很强,但为了获得高产,必须加强水、肥和田间管理。其主要环节包括重施磷肥,以磷增氮,配合施用钾肥,加强钼、锌等微量元素的施用,在苗期和花期加强灌溉。

### (三)绿肥的翻压技术

绿肥的 C/N 较小,翻压后分解速度较快,但是翻压时期不仅影响分解速度,也影响肥效和绿肥的再生。一般都在花期翻压,翻压深度 10 ~ 20 cm,翻压量 15 000 ~ 22 500 kg/hm²。由于绿肥在分解时会产生一些有毒的物质,因此必须根据绿肥的分解速度,确定翻压时间,如紫花苜蓿一般在播种前 10 d 翻压。对于多年生的绿肥,最后一次收割,必须让绿肥有足够的时间生长,保证能够越冬。收割后应加强灌溉和施肥。

# 小　结

作物必需营养元素包括碳(C)、氢(H)、氧(O)、氮(N)、磷(P)、硫(S)、钾(K)、钙(Ca)、镁(Mg)、铁(Fe)、锰(Mn)、铜(Cu)、锌(Zn)、硼(B)、钼(Mo)、氯(Cl),共 16 种,前9 种为大量营养元素,后 7 种为微量营养元素。氮、磷、钾称为作物营养三要素(或肥料三要素)。另一些元素如硅、钠、钴、硒、镍和铝为作物有益营养元素。

土壤养分主要来源于土壤矿物质和土壤有机质,另外还有大气降水及灌溉水,施用的有机、无机肥料及生物固氮作用等。一般可以把土壤养分分为速效性养分和迟效性养分两大类,迟效性养分必须经过转化分解才能被作物利用。

施用肥料是获得作物高产的重要条件。肥料按其成分和性质可分为有机肥料与无机肥料两大类。有机肥料主要包括粪尿肥、饼肥、秸秆肥、泥炭和腐殖酸肥等。无机肥料又可分为单质肥料和复合肥料。单质肥料包括氮肥、磷肥、钾肥、微量元素肥料等。复合肥料已经成为现代化肥的主流。作物施肥的方式,一般可分为基肥、种肥和追肥三种。

# 复习思考题

1. 作物必需营养元素有哪些?
2. 土壤中氮、磷、钾的存在有哪些形态?它们是如何转化的?
3. 什么是肥料?如何分类?作物施肥有哪些方式、方法?
4. 作物氮素营养失调会表现出哪些症状?常用氮肥有哪些种类?
5. 比较氯化钾和硫酸钾两种肥料的异同点。
6. 复合肥料有何优缺点?如何解决?
7. 简述微量元素肥料的施用方法。
8. 化学肥料的大量施用带来了哪些问题?有机肥料有哪些作用?
9. 什么是秸秆还田?实施秸秆还田应注意哪些问题?
10. 什么是绿肥?它有何作用?简述绿肥的翻压技术。

# 第六章　低产土壤改良

我国现有耕地面积约 1.3 亿 $hm^2$，其中高产田近 2 900 万 $hm^2$，占耕地面积的22%；中产田近 4 900 万 $hm^2$，约占耕地面积的 37%；低产田近 5 500 万 $hm^2$，约占耕地面积的41%。中低产田合计近 1.04 亿 $hm^2$，占耕地面积的 78%。高产田由于基础产量高，增产潜力非常有限，而中低产田基础产量低，增产潜力很大。因此，充分合理利用现有土壤资源，不断培肥和改良土壤，提高中低产田的生产力，是解决我国 21 世纪粮食问题唯一可行的办法。

我国低产土壤主要包括北方半干旱、干旱地区的盐碱土和风沙土，南方亚热带和热带的红黄壤酸瘦土与低产水稻土，黄淮海平原的砂姜黑土，东北地区的白浆土及水土流失严重的黄绵土和紫色土等。本章将介绍与农业水利工作密切相关的盐碱土和低产水稻土的改良与利用。

# 第一节　盐碱土改良

盐碱土是各种盐化土、盐土和碱化土、碱土的统称。这些土壤因含有过多的可溶性盐类，故对大多数作物会产生不同程度的危害。

盐碱土中的可溶性盐主要包括钠（$Na^+$）、钾（$K^+$）、钙（$Ca^{2+}$）、镁（$Mg^{2+}$）等硫酸盐、氯化物、碳酸盐和重碳酸盐。硫酸盐和氯化物一般为中性盐，碳酸盐和重碳酸盐一般为碱性盐。

当土壤表层中的中性盐含量超过 2 $g/kg$（0.2%）时，会对大多数作物产生不同程度的危害从而影响产量，这类土壤称为盐化土，盐化程度随着中性盐含量的增加而加重；当含盐量超过 6 $g/kg$（0.6%）（氯化物）或 20 $g/kg$（2.0%）（硫酸盐）时，对作物危害极大，只有少数耐盐植物能够生长，严重时甚至寸草不生，成为光板地，这种土壤称为盐土。

如果土壤表层中的盐分以碱性盐为主，土壤呈强碱性反应（pH 值≥8.5），且碱化度（即交换性钠离子占交换性阳离子总量的百分数）超过 5%，称之为碱化土；碱化度超过30% 和 pH 值≥9.0，则称之为碱土。

## 一、盐碱土分布与低产原因

### （一）我国盐碱土的分布概况

我国盐碱土的总面积约有 2 700 万 $hm^2$，其中耕地有 1 000 万 $hm^2$，其余为尚未开垦的

盐碱荒地。其主要分布在长江以北的广大内陆地区和北起辽宁、南至广西等省的滨海地带,可分为以下五大区:

(1)滨海盐碱土区,北起渤海湾,南至长江三角洲的滨海平原。

(2)华北盐碱土区,主要指黄河中下游的沿河低洼地和低平地,包括河北、山东、河南、山西、陕西诸省的冲积平原,系由黄河及海河流域的河流泛滥淤填而成。

(3)西北半干旱盐碱土区,包括宁夏及内蒙古河套地区。

(4)西北干旱盐碱土区,包括新疆、青海、甘肃的河西走廊和内蒙古的西部地区。

(5)东北盐碱土区,主要包括松嫩平原、辽河平原、三江平原和呼伦贝尔草原。

### (二)盐碱土的低产原因

盐碱土的低产原因可归纳为 5 个方面,即"瘦、死、板、冷、渍"。"瘦"主要是指土壤肥力低;"死"主要是指土壤中微生物的数量极少;"板"主要是指土壤板结,耕性和通透性差;"冷"主要是指土壤温度较低;"渍"主要是指土壤含盐量较大。盐碱土低产的主要原因是含有过量的可溶性盐,妨碍作物的正常生长发育,造成歉收,甚至颗粒无收。盐分对作物的直接危害表现在某些离子(如钠离子和氯离子)对作物的毒害作用;间接的危害表现在影响水分和养分的吸收,土壤溶液浓度过高,作物吸水困难,而且要往体外渗水,就像腌咸菜一样,作物因脱水而"渴死"。同时,作物根系丧失选择性吸收养分离子的能力,造成营养紊乱。

不同盐类对作物的危害程度差异很大,其顺序是:$Na_2CO_3 > MgCl_2 > NaHCO_3 > NaCl > CaCl_2 > MgSO_4 > Na_2SO_4$,可见 $Na_2CO_3$ 的危害最大,其含量大于 0.05 g/kg(0.005%)就会对作物生长产生不利影响。

在长期进化过程中,许多植物形成了对盐碱的抵抗力,成为耐盐碱植物,也是改良盐碱土的先锋植物。表 6-1 列出了不同作物的耐盐碱指标。

表 6-1 不同作物的耐盐碱指标(耕层 20 cm 内含盐量)　　　　　(单位:g/kg)

| 耐盐力 | 作物种类 | 苗期 | 生育盛期 | 耐盐力 | 作物种类 | 苗期 | 生育盛期 |
|---|---|---|---|---|---|---|---|
| 强 | 甜菜 | 5.0~6.0 | 6.0~8.0 | 中等 | 冬小麦 | 2.2~3.0 | 3.0~4.0 |
| | 向日葵 | 4.0~5.0 | 5.0~6.0 | | 玉米 | 2.0~2.5 | 2.5~3.5 |
| | 蓖麻 | 3.5~4.0 | 4.5~6.0 | | 谷子 | 1.5~2.0 | 2.0~2.5 |
| 较强 | 高粱、苜蓿 | 3.0~4.0 | 4.0~5.5 | 弱 | 绿豆 | 1.5~1.8 | 1.8~2.3 |
| | 棉花 | 2.5~3.5 | 4.0~5.0 | | 大豆 | 1.8 | 1.8~2.5 |
| | 黑豆 | 3.0~4.0 | 3.5~4.5 | | 马铃薯、花生 | 1.0~1.5 | 1.5~2.0 |

## 二、盐碱土的类型

### (一)按土壤含盐量高低划分

以耕作层(0~30 cm)土壤含盐量高低,可将盐碱土划分为非盐化土、轻度盐化土、中度盐化土、强度盐化土和盐土 5 级(见表 6-2)。

表 6-2　土壤盐化分级标准

| 盐化系列及适用地区 | 土壤含盐量(g/kg) | | | | | 盐渍类型 |
|---|---|---|---|---|---|---|
| | 非盐化 | 轻度 | 中度 | 强度 | 盐土 | |
| 滨海、半湿润、半干旱、干旱区 | <1 | 1~2 | 2~4 | 4~6(10) | >6(10) | $HCO_3^- + CO_3^{2-}$、$Cl^-$、$Cl^- - SO_4^{2-}$、$SO_4^{2-} - Cl^-$ |
| 半漠境及漠境区 | <2 | 2~3(4) | 3~5(6) | 5(6)~10(20) | >10(20) | $SO_4^{2-}$、$Cl^- - SO_4^{2-}$、$SO_4^{2-} - Cl^-$ |

注:表中括号内数据表示土壤盐分组成为硫酸盐的划分标准。

**(二)按土壤碱化度划分**

土壤碱化分级标准见表6-3。

表 6-3　土壤碱化分级标准

| 碱化分级 | 非碱化土 | 轻度碱化土 | 中度碱化土 | 强度碱化土 | 碱土[①] |
|---|---|---|---|---|---|
| 碱化度(%) | <5 | 5~10 | 10~15 | 15~20 | >20 |

注:①表示碱土的碱化指标已提高,即碱化度>30%。

**(三)按形态特征划分**

(1)蓬松盐土(俗称白碱、扑腾碱等)。以硫酸钠为主,地表有一层薄薄的白色盐霜,构成一层陷鞋底或鞋帮的蓬松层,危害程度较小。

(2)结皮盐土(俗称黑碱、锅巴碱等)。以氯化钠为主,地表有灰白色盐结皮,对作物危害大。

(3)潮湿盐土(俗称湿碱、黑油碱等)。以氯化钙、氯化镁为主,吸湿性强,地表常呈潮湿状态,土色灰暗至棕黑,如泼上酱油一样,对作物危害较大。

(4)苏打盐土(俗称马尿碱、瓦碱等)。碳酸钠、碳酸氢钠含量较高,地表呈棕黄色碱霜,有如马尿,故称马尿碱;由于质地黏重,干后呈瓦片状卷起,又叫瓦碱。这种盐土碱性强,对作物危害最大,多为光板地。

# 三、盐碱土的形成过程

## (一)盐土的形成过程

### 1.自然条件对盐渍土形成的影响

盐土的形成过程就是各种易溶性盐类在土壤表层逐渐积累的过程,一般叫做土壤的盐渍化过程。盐分在土壤中的积累是在下列自然条件的综合作用下逐步实现的。

1)干旱的气候条件

盐渍土主要分布在降雨量小、蒸发量大的干旱或半干旱地区。我国内陆盐渍地区,如华北和东北地区,年降雨量只有 400~800 mm,而年蒸发量则超过 1 000 mm。内蒙古、宁夏、新疆等地区年降雨量仅为 100~300 mm,有的甚至不到 10 mm,而年蒸发量都高达

2 000 ~ 3 000 mm,为降雨量的 10 倍甚至几十倍。在这样的气候条件下,成土母质风化释放的可溶性盐分无法淋溶,只能在蒸发作用下积聚在土壤中,导致土壤盐渍化。而在我国南方地区降雨量大,蒸发量小,淋溶作用强,故无盐渍土分布,只是在沿海一带,由于海水的浸渍作用,才有滨海盐渍土形成。

2)较高的地下水位和矿化度

盐分在地下水中的积聚过程称为地下水的矿化过程。它遵循盐类溶解度的规律而依次沉淀。根据不同盐类在地下水中出现的次序,一般把地下水分为三个矿化阶段。

(1)第一阶段为碳酸盐水阶段(即硬水阶段)。特点是地下水的矿化度较低(< 1 g/L),盐分组成中有相当大的一部分为碱金属和碱土金属的碳酸盐与重碳酸盐,它主要是硅酸盐风化水解的结果。随着这一阶段的不断进行,溶液逐渐为硅酸盐和碳酸盐所饱和,并成为沉淀而析出。

(2)第二阶段为硫酸盐水阶段。当矿化度进一步提高而达到 3 ~ 5 g/L 的时候,溶液中除原来的 $CO_3^{2-}$、$HCO_3^-$ 外,$SO_4^{2-}$ 逐渐增多,而 $SO_4^{2-}$ 的不断增加,使 $CO_3^{2-}$ 和 $HCO_3^-$ 被迫沉淀下来而逐渐减少,相应地 $SO_4^{2-}$ 就占有优势。

(3)第三阶段为氯化物盐水阶段。水的矿化度进一步增加,$Cl^-$ 开始出现,促使 $SiO_3^-$、$HCO_3^-$、$CO_3^{2-}$ 和 $SO_4^{2-}$ 等盐类均形成沉淀析出,而 $Cl^-$ 逐渐增加成为氯化物水。

许多研究者认为,盐渍土中的盐分就是由于高矿化度的地下水,借毛管作用上升至地表而积累起来的,故在干旱地区,地下水位的高低和含盐量的大小对土壤盐渍化程度有很大影响。一般情况下,地下水位愈高,地下水矿化度愈大,土壤积盐就愈重。例如,黄淮海平原地下水埋深和矿化度与土壤盐渍化程度的关系如表6-4所示。

表 6-4　地下水埋深和矿化度与土壤盐渍化程度的关系

| 盐渍程度 | 地形 | 地下水埋深<br>(m) | 地下水矿化度<br>(g/L) | 土壤及地下水盐分组成 |
|---|---|---|---|---|
| 非盐渍地 | 缓岗 | >3 | 0.5 ~ 1 | $Cl^-$、$HCO_3^-$、<br>$SO_4^{2-}$、$CO_3^{2-}$ |
| 轻盐渍地 | 微斜平原<br>交接洼地边缘 | 2 ~ 3 | 1 ~ 2<br>2 ~ 5 | $HCO_3^-$、$SO_4^{2-}$<br>$HCO_3^-$、$Cl^-$ |
| 重盐渍地 | 洼地边缘 | 1.0 ~ 2.0 | 2 ~ 5<br>5 ~ 10 | $Cl^-$、$SO_4^{2-}$<br>$SO_4^{2-}$、$Cl^-$ |
| 盐渍荒地 | 滨海低平地或<br>洼地边缘 | 0.5 ~ 1.0 | 5 ~ 10<br>10 ~ 30 | $Cl^-$ |

一般情况下,只有当地下水位达到一定高度时,地下水中的盐分才能随水通过毛管作用上升至地表,水分蒸发后,盐分便聚积在土壤表层。在生产上,一般把保证作物根层土壤不发生盐渍化所要求的地下水最小埋藏深度叫地下水临界深度。它是设计排水沟深度的重要依据。临界深度并不是常数,它常因具体条件的不同而异。影响临界深度的因素

有气候、土壤质地、地下水矿化度和人为耕作及排灌措施等,其中土壤质地和地下水矿化度影响最为明显(见表6-5)。

表6-5  土壤质地、地下水矿化度与地下水临界深度的关系

| 土壤质地 | 地下水矿化度(g/L) | 地下水临界深度(m) |
|---|---|---|
| 砂壤土、轻壤土 | <2 | 1.9 ~ 2.1 |
| | 2 ~ 5 | 2.1 ~ 2.3 |
| | 5 ~ 10 | 2.3 ~ 2.5 |
| 中壤土 | <2 | 1.5 ~ 1.7 |
| | 2 ~ 5 | 1.7 ~ 1.9 |
| | 5 ~ 10 | 1.9 ~ 2.1 |
| 重壤土、黏土及夹黏土层 | <2 | 0.9 ~ 1.1 |
| | 2 ~ 5 | 1.1 ~ 1.3 |
| | 5 ~ 10 | 1.3 ~ 1.5 |

3)低平的地形条件

在干旱和半干旱地区,盐渍土多分布在地势较低的河流冲积平原、洼地边缘、河湖沿岸及部分灌区,而地势较高的岗坡地则很少形成盐渍土。这是因为地形可影响母质的再分布,能加强或减弱降雨形成的地表和地下径流,并决定盐分在不同地形部位断面上的移动和再分布。盐类随地表水和地下水从高处往低处迁移时,由于水分蒸发,盐溶液逐渐浓缩,盐类则按其溶解度的不同而逐渐分离,并沉淀在不同的地形部位上。首先在高处沉淀的是溶解度最小的碳酸钙($CaCO_3$),其次在较低处沉淀的是硫酸钙($CaSO_4$)、硫酸钠($Na_2SO_4$)、硫酸镁($MgSO_4$),最后在低处沉淀的是氯化钠($NaCl$)等。

陆地上可溶性盐分移动和积聚的基本趋势是盐分随水从高处向低处汇集,积盐程度从高处到低处逐渐加重。这就使得盐渍土在大区地形上多分布在低平的盆地和平原地区。如我国西北的内陆盆地、华北平原和东北松辽平原均属此类地形,均广泛分布有盐渍土。

从小区地形看,在低平地区的局部高处,由于蒸发较快,盐分可由低处往高处迁移聚积,积盐较重,往往在距离很近、高差很小的地方,高处的盐分含量可比低处高出几倍而形成斑状盐渍土。

4)含盐母质与土壤质地的影响

母质本身所含盐分与土壤的机械组成对盐渍土的形成影响也很大。首先,含盐母质往往造成土壤原生盐渍化。如我国青海柴达木盆地有白垩纪和第三纪的含盐地层,新疆准噶尔盆地的火山喷发物,以及滨海和盐湖的沉积物都含有大量盐分。这些地区盐渍土就是在含盐母质上形成的。其次,母质机械组成对盐渍化作用的进程影响也很明显。如在同样的气候、地形、地下水条件下,壤质和粉砂质土壤就较砂质或黏质及具有砂黏夹层的土壤容易返盐。此外,土壤母质的层次排列对盐渍化也有影响。若在土层中胶泥层出现在含盐地下水之上,可阻碍盐分上升,土壤不易盐渍化;若胶泥层出现在含盐地下水之下,地下水即会受其顶托而加速土壤盐渍化。

5）生物的聚盐作用

某些盐生植物的耐盐力很强，这些植物根系发达，能从深层土壤或地下水中吸收大量的水溶性盐分。这些植物所吸收积聚的盐分量可达其干物质量的20%～30%，甚至高达40%～50%。植物死亡后，就把盐分留在土壤或地面上，从而加速了土壤盐渍化，如新疆盐渍土上生长的柽柳、沙枣和胡杨等都具有这种作用。不过，生物的积盐作用较之潜水迁移和蒸发所引起的盐渍化作用要小得多。据研究，在荒漠地区，由于后者的作用，每年积累的盐分可高达$525 \sim 1\,050$ t/hm$^2$，而生物积盐每年仅112.5 t/hm$^2$左右。

2.人类活动对盐渍土形成的影响

人类的灌溉耕作活动对盐渍土的形成也有很大影响。在北方干旱和半干旱地区，如果灌溉管理不当，就会使一些非盐渍化的土壤发生盐渍化，这种盐渍化过程称为土壤次生盐渍化。

土壤次生盐渍化属于现代积盐过程，这一过程的形成主要是由于灌溉管理不当使地下水位升高所造成的，同时地下水的矿化度、土壤性质和气候条件对次生盐渍化过程的产生也有很大影响。

地下水位升高的主要原因有以下几方面：

（1）灌溉排水系统不配套，排水不畅，大量灌溉水补给了地下水，使地下水位升高。

（2）大水漫灌串灌，灌溉定额过大，抬高了地下水位。

（3）渠道渗漏。因渠系水位设计过高，填方段多，工程质量差，渗漏严重，长期引水后，渠道两侧地下水位升高。其影响范围一般是：斗渠20～80 m、支渠60～120 m、干渠100～500 m、总干渠700～1 500 m。渠道水位越高，渗漏影响范围越大，离渠道越近，地下水位越高，次生盐渍化越严重。

（4）水旱插花种植。因稻田蓄水，使四周旱作地区的地下水位抬高，促使土壤盐渍化。

此外，某些平原地区水库蓄水不当、耕作粗放等也都容易造成土壤返盐而产生次生盐渍化。

**（二）碱土的形成过程**

碱土的形成过程实质上是土壤胶体上交换性钠离子的饱和度逐渐增高的过程。碱化过程往往与脱盐过程相伴发生。当盐化土壤在淋溶脱盐时，钙盐和交换性钙便不断被淋洗，土壤交换性钠离子逐步取代了土壤胶体上的交换性钙、镁离子而使土壤逐渐碱化。

## 四、盐碱土的利用改良

改良盐碱土，必须采取以水肥为中心，包括水利、农业、林业等各方面的综合措施，做到利用与改良、防盐与改盐、治标与治本、水利与农林、改土与培肥等五个"结合"，才能使盐碱地逐步从脱盐、培肥发展到一个高效经济的生态农业，达到综合治理的目的。盐碱土改良一般采取分步骤进行：首先排盐、洗盐，降低土壤含盐量；然后种植耐盐作物，培肥土壤；最后种植作物。具体改良措施如下。

## (一)水利改良措施

### 1. 开沟排水

在改良盐碱土的各种措施中,排水是一项关键性措施。排水改良盐碱土的主要作用是:加速排出土壤和地下水中由洗盐、灌溉和降雨所淋下的盐分;控制地下水位于临界深度以下;及时排出涝水;调节区域水文状况,满足作物对土壤水分、空气、养分和温度的要求。实践证明,必须健全排水设施,其他措施才能充分发挥作用,才会收到彻底改良盐碱土的效果。

排水首先要有出路,要治理或开挖骨干排水河道,同时要修建好田间排水设施。田间排水有明沟排水、暗管排水和竖井排水等多种方式,当前采用较多的主要是明沟排水。

此外,近年来,我国盐碱地区开始重视暗管(沟)排水。采用暗管(沟)排水,优点很多:一是占地比明沟排水少,其土地利用率比明排可提高 5% ~ 10% ;二是暗排不像明排那样沟渠纵横,有利于机械化作业;三是暗管比明沟使用年限长;四是暗管排水降低地下水位快,土壤脱盐效果好。根据新疆库尔勒农场试验,利用有孔陶管进行暗管排水,1 m 土层的平均脱盐率比明沟排水高 10% ~ 30% 。因此,从长远来看,在盐碱地区大力发展暗管(沟)排水,逐步建立明沟与暗管相结合的排水系统是完全必要的,也是今后努力的方向。

### 2. 灌水冲洗

盐碱土的灌水冲洗,就是把水灌到地里,使土壤中的盐分溶解于水中,通过水在土壤中的渗透,自上而下地把土壤中过多的可溶性盐冲洗下去,并由排水沟排走。在有水利条件的地区,灌水冲洗是改良盐碱土和开垦盐碱荒地的重要措施。

冲洗一般应在有排水设施的情况下进行。没有排水的冲洗,往往会使地下水位强烈上升,并把盐分冲洗转移到附近地段,使附近地段盐碱化加强或盐碱范围扩大。

#### 1)冲洗脱盐标准

冲洗脱盐标准包括脱盐层允许含盐量和脱盐层厚度两个指标。脱盐层允许含盐量主要取决于盐分组成和作物苗期的耐盐性。此外还与气候、土质、水利、农业技术水平等有关。在华北、滨海半湿润地区,以氯化物为主的盐土,冲洗脱盐标准一般采用 2 ~ 3 g/kg;以硫酸盐为主的盐土,采用 3 ~ 4 g/kg。在西北干旱地区,氯化物盐土采用 5 ~ 7 g/kg;硫酸盐盐土采用 7 ~ 10 g/kg;碱化土壤采用 3 g/kg。脱盐层厚度(即计划冲洗土层的厚度)则根据作物根系的主要分布深度而定,除满足作物正常生长发育需要外,还要考虑防止土壤再度返盐的要求,一般采用 60 ~ 100 cm。

河北、山东、河南平原地区重盐碱地冲洗脱盐标准如表 6-6 所示。

表 6-6　几种作物的冲洗脱盐标准(土壤脱盐层厚度 100 cm)

| 盐碱土类型 | 允许含盐量(g/kg) | | | | | |
| --- | --- | --- | --- | --- | --- | --- |
| | 小麦 | 玉米 | 高粱 | 棉花 | 草木樨 | 田菁 |
| 氯化物盐土和硫酸盐 - 氯化物盐土 | 2.0 | 2.0 | 2.5 | 3.0 | 3.5 | 4.0 |
| 氯化物 - 硫酸盐盐土和硫酸盐盐土 | 3.0 | 2.5 | 3.2 | 4.0 | 4.5 | 5.5 |

2）冲洗定额

在单位面积上使土壤达到冲洗脱盐标准所需要的洗盐水量叫冲洗定额。影响冲洗定额的因素有盐碱土类型、冲洗前土壤含盐量、土壤质地、排水条件，以及冲洗季节、冲洗技术等。因此，合理的冲洗定额，应在当地条件下通过试验来确定。下列冲洗定额试验资料（见表6-7）可供参考。

表6-7　盐碱土冲洗定额

| 地区 | 盐分类型 | 土壤含盐量(g/kg) | 冲洗定额(m³/hm²) | 备注 |
|---|---|---|---|---|
| 华北 | 滨海氯化物 | 4.0~6.0 | 4 500~6 000 | 排水沟深度2.0~2.5 m，间距200~500 m |
| | | 8.0~12.0 | 4 650~6 600 | |
| | | 14.0~16.0 | 5 400~7 200 | |
| | | 18.0~20.0 | 5 700~7 800 | |
| | 内陆硫酸盐 | 4.5 | 4 500 | 排水沟间距300 m |
| | | 5.0~6.0 | 5 400 | |
| | | 7.0~8.0 | 6 750 | |
| | | 10.0 | 7 800 | |
| 西北 | 硫酸盐－氯化物（库尔勒） | <30.0 | 12 000 | 排水沟深度2.8 m，间距400 m |
| | | 30.0~50.0 | 12 000~18 000 | |
| | | 50.0~75.0 | 18 000~24 000 | |
| | | >75.0 | >24 000 | |
| | 硫酸盐－氯化物（阿克苏） | 10.0~15.0 | 9 000~12 000,4 500~6 000 | 左列数字为黏壤土，右列数字为粉土 |
| | | 15.0~20.0 | 12 000~15 000,6 000~9 000 | |
| | | 20.0~40.0 | 15 000~18 000,9 000~12 000 | |
| | | 40.0~80.0 | 1 800~22 500,12 000~15 000 | |
| | 强碱化土壤（北疆） | 3.0~4.0 | 150~300（不需专门冲洗） | 洗盐时加施石膏、磷石膏等，能降低土壤碱度 |
| | | 4.0~7.0 | 3 750~4 500 | |
| | | 7.0~10.0 | 4 500~6 000 | |
| | | >10.0 | >6 000 | |

3）盐碱耕地的灌溉特点

盐碱耕地的灌溉，既要满足作物对水分的需求，又要冲洗土壤盐分。因此，必须针对土壤盐渍状况及其季节变化，掌握适当的灌水时期和适宜的灌水方法。

冬小麦整个一生要经过秋、春两季返盐旺盛期，特别是春季返青至拔节的返盐高峰期对小麦生长威胁最大。因此，播前水、冬灌有利于预防秋季土壤返盐而保苗，返青时灌水能预防春季返盐。

棉花幼苗期正处于返盐高峰期，播前灌水洗盐非常重要。在水源条件较好的地区，应在秋冬或春季进行储水灌溉，以淋洗盐分，灌水定额为1 500~1 800 m³/hm²；现蕾期为预防返盐，灌水定额为600~750 m³/hm²。

在盐碱地区,地面灌溉仍然是主要的灌水方法。一般情况下,小麦以畦灌为好,加大灌水定额,可提高洗盐效果。棉花和其他中耕作物,以细流沟灌或隔垄沟灌为好,但在沟垄上易积盐。因此,盐碱较重的耕地仍以畦灌为好。

3. 井灌井排

井灌井排是我国北方盐碱地区采取的一项综合治理旱、涝、盐碱的有效措施。

井灌井排的优点是:

(1)洗盐速度快,脱盐效率高。由于在机井排水条件下进行灌溉,受地下水的顶托作用小,自然淋盐作用强,脱盐深度大,效果好。

(2)能降低地下水位,腾出地下"库容"。当机井抽水时,井周围的地下水位下降,若长期群井抽水,则降低地下水位的效果更明显,还能腾出较大的地下"库容",增加土壤的蓄水能力。

(3)抽咸补淡,加速地下水淡化。在地面水源不足的地下咸水地区,采取浅井深井结合,井水渠水并用,利用浅井抽咸、渠水深井水补淡,可加速地下咸水淡化。

4. 放淤改良

放淤是把含有泥沙的河水,通过渠系,引入事先筑好畦埂和进退水口建筑物的地块,用减慢水流速度的办法使淤泥沉淀下来,而在地面上形成一层淤泥层。这一措施在引黄灌区应用较多,对改良盐碱地特别是盐碱荒地有显著的效果。

放淤改良的作用有:

(1)放淤后可在盐碱地面形成深厚的淡土层,相应抬高了地面,降低了地下水位,有利于防止返盐。

(2)引放大量淤水相当于一次大定额的冲洗,可起到淋洗盐分,使土壤脱盐的作用。

(3)淤水含有大量黏粒和速效养分与有机质,放淤后可改善土壤理化性状,提高土壤肥力。

放淤改良应首先修建灌排系统和配套工程,筑好畦田围堰。畦田面积视地形平坦程度而定,一般为 $1.5 \sim 3.0 \ \text{hm}^2$ 一块。放淤时间宜选择河流水量丰富、泥沙含量大的季节进行(引黄放淤以 $7 \sim 9$ 月的伏汛期和4月上中旬的桃汛期进行为宜)。放淤方法有动水漫灌放淤、围堤静水放淤和动静水相结合放淤三种。动水漫灌放淤是边放边排,相当于串灌,淤地快,但质量差,用水多;围堤静水放淤是围淤水于堤内,待泥沙沉淀后,再排出表层清水,此法省工省水,落淤质量好,但所需时间长;动静水相结合放淤是先动水漫灌放淤,到接近完成计划淤层厚度时,再倒灌回淤,静水沉积数次,此法速度快,质量也好,多被采用。淤层厚度一般以 $0.3 \sim 0.5 \ \text{m}$ 为宜,太薄,改良效果差;太厚,用水量过大。放淤定额(或淤灌定额)是指放淤达到计划淤层厚度所需的总放淤量,可用下式计算

$$M = 10\ 000 \frac{Ha}{S}$$

式中　　$M$——放淤定额,$\text{m}^3/\text{hm}^2$;

$H$——计划淤层厚度,m;

$a$——淤泥容重,$\text{t}/\text{m}^3$;

$S$——放淤用水含泥沙量,$\text{t}/\text{m}^3$。

**5. 种稻改良**

在低洼易涝的盐碱地区,若具有良好的灌排条件,合理种植水稻是边利用边改良、改良与利用结合、收效较快的一项措施。种稻改良盐碱地的作用也较显著。由于种稻过程中需大量水分,经常淹灌换水,能使土壤中的盐分不断受到淋洗,随着种稻年代的延长,土壤脱盐程度不断增加。据各地试验,种稻一年后,1 m 土层内的盐分含量都有所下降,尤其是表层 20 cm 内的盐分降低最为明显,一般能使土壤全盐量由 6 ~ 10 g/kg 下降至 1 ~ 3 g/kg。同时,由于淹灌水层的压力作用,下渗的淡水还能使原来高矿化度的地下水逐渐淡化,形成淡水层。如河北滨海盐土区,有的盐碱地在种稻一年后,地下水矿化度即由原来的 30 ~ 35 g/L 降低到 3 ~ 9.8 g/L。

盐碱地种稻要实现高产和取得较好的改土效果必须注意以下几个问题:

(1)健全灌排系统,要能灌能排。既能排除土壤中的盐碱,又能使稻田在短期内落干,地下水位迅速降低。

(2)泡田洗盐。水稻不甚耐盐,种稻前要泡田洗盐,使土壤耕层含盐量降低到对秧苗生长无害的程度。泡田洗盐的标准:在氯化物盐土区,氯化物的含量应低于 1.5 g/kg,全盐量要低于 2 ~ 3 g/kg;硫酸盐盐土区,全盐量要低于 4 ~ 5 g/kg;重碳酸盐盐土区,全盐量要低于 3 g/kg。泡田洗盐用水定额因含盐量、盐分组成、土壤质地、地下水位和排水条件而异,一般为 1 500 ~ 4 500 m³/hm²。

(3)合理轮作。实行水旱轮作,既可充分利用水源,扩大种稻面积,又能在旱作时改善土壤通气状况,促进土壤养分转化,提高土壤肥力。

**(二)农业生物改良措施**

农业生物改良措施是指通过土地的合理利用、间作、套种、轮作、合理耕作管理、增施有机肥料和增加地面覆盖率等措施,改善土壤结构,提高肥力,减少蒸发,加速盐分淋洗,巩固脱盐效果,防止返盐。常用的农业生物改良措施有以下几种。

**1. 深耕深翻**

深耕深翻可疏松耕作层,破除犁底层,切断毛细管,提高土壤透水蓄水能力,因而能加速土壤淋盐和防止返盐,深耕深度一般为 25 ~ 30 cm,可逐年增加至 40 ~ 50 cm。深翻是将含盐重的表土翻埋到底层,若底层为淤土或黏层,将其翻至地表,既可打破滞水层,又可翻压盐碱。深耕深翻必须因地制宜,若属底层盐化土,底层盐分高于表层,则不宜深耕深翻。

**2. 平整土地**

地面不平整,形成微域地形高差,会引起水分入渗和蒸发不均衡,水盐向微高之处蒸发和聚积,形成盐斑。在同一块地里,即使地面高差仅数厘米至十几厘米,表土含盐量可相差几倍或十几倍。平整土地则可使水分均匀下渗,提高降雨淋盐和灌溉洗盐的效果,有助于防治斑状盐渍化。

**3. 适时耕耙**

适时耕耙可使耕作层疏松,减少土壤水和地下水的蒸发,防止底层盐分向上累积。耕地要适时,我国农民所积累的经验是:"浅春耕、抢伏耕、早秋耕、耕干不耕湿"。在干旱和半干旱地区,一般春季干旱,蒸发量大,为了保墒防盐,采取浅春耕;抢伏耕是指抢在夏季伏雨之前进行中耕,主要是破除地表板结,减缓地表径流,多蓄一些雨水,增加土壤下渗水量,以增加淋盐效果;早秋耕通常在雨季后进行,尽早切断毛管,抑制水分蒸发和盐分上升;秋耕晒垡后,通过适时耙地,才能创造和保持大小适宜的土块,达到防盐保墒的目的;越冬耕地一般不进行秋耙,要求早春进行顶凌耙地,以便细碎土块,使之覆盖地表,抑制土壤水分蒸发和返盐。雨后地湿,及时锄耙,可减少蒸发,抑盐效果明显。

**4. 客土改良**

在盐碱地上直接漫淤或盖沙,或先把含盐量高的表土除去,再垫上一层好土,叫做客土改良。该法能改善土壤质地、结构,抑制土壤毛管水上升,能为作物立苗生长创造良好条件,客土层愈厚,堵盐效果愈好,一般来说,客土层厚在 15 ~ 20 cm 及以上,加上良好的耕种技术,即可保证作物全苗。

**5. 增施有机肥**

增施有机肥不仅为作物提供养分,并可以改善土壤物理性质,削弱地表蒸发,加强淋盐和抑制返盐。

**6. 种植绿肥**

种植绿肥是用地与养地相结合,加速盐渍土改良,促进农业高产稳产的重要措施。绿肥具有茂密的茎叶和强大的根系,既能增加地面覆盖,削弱地表蒸发,抑制土壤返盐,又可增大土壤拦截降水和储蓄水分的能力,有利于盐分向下淋溶。深根绿肥通过叶面蒸腾,大量散失水分,还可使地下水位下降。绿肥耕翻入土腐熟后,增加了土壤有机质含量,土壤团粒数量可显著增加。绿肥根系也能固结土粒单粒变成团粒,使土壤疏松,并进而促进熟化。

**7. 躲盐巧种**

盐渍土中盐分的表聚性都很强,盐分在土壤剖面的分布特点是上重下轻。根据盐分的这种分布特点,我国农民创造了"冲沟浅盖,躲盐巧种"的方法。即在播种时,先用犁在地里开一条约 10 cm 深的沟,沟内施入腐熟的有机肥料,雨后播种,在冲沟内盖一层薄土。通过冲沟起垄,可使含盐量高的表土层集中在垄背上,种子播在含盐量低的沟内,从而有利于萌发成苗。由于冲沟起垄,人为造成微域地形的高差,导致地表的不均衡蒸发,低处水盐向高处移动,因此种子萌发率和幼苗成活率都可大大提高。

**8. 秸秆覆盖**

在地面均匀散盖作物秸秆、草本植物茎叶,以削弱地面蒸发,增加水分下渗,抑制盐分向地表累积。

**9. 抗盐栽培**

抗盐栽培即适应种植,在改良过程中,先种植耐盐性较强的作物,如向日葵、碱谷、甜菜、糜子、高粱、棉花、胡麻、甘蔗等;随着土壤逐渐脱盐,即可种植其他耐盐性较弱的作物,如马铃薯、绿豆、大麦、元麦、小麦、油菜、玉米等。

**10. 植树造林**

在盐碱地区沿沟、渠、路营造农田林网,不仅能改善农田小气候,减少地面蒸发,而且能通过林木的蒸腾作用,降低地下水位,因而在抑盐、防盐方面具有积极作用。盐碱地造林要选择耐盐性较强的树种,以刺槐和紫穗槐为好。苦楝、乌桕、柽柳、旱柳、杞柳、白蜡条、钻天杨、榆树、砂枣、泡桐、桑树等乔灌木也是盐碱地区常见的树种。

### (三)化学改良措施

碱化土和碱土中含有大量苏打及交换性钠,致使土粒高度分散,物理性状恶化,作物难以正常生长。要改良这类土壤,除消除多余的盐分外,主要应降低土壤胶体上过多的交换性钠和碱性。这样,在采取水利和农林措施的同时,施用化学改良剂就可收到更好的改良效果。例如,石膏、硫酸亚铁(黑矾)、硫酸、硫磺、风化煤、糠醛渣等都是效果较好的改良剂,施入土壤后均能通过化学作用中和碱性,减轻和消除碳酸钠与重碳酸钠对作物的毒害,调节和改善土壤的理化性状,达到改良和提高土壤肥力的目的。

# 第二节 低产水稻土改良

水稻土是我国面积最大、分布最广的一类土壤,每年种植面积占粮食种植面积的 1/4以上,其产量占粮食产量的 40%以上。现有的水稻土中,高产水稻土面积只占 35%,中产水稻土面积约占 40%,低产水稻土面积约占 25%。

低产水稻土是在气候、地形、母质和水文地质等各种自然条件与人类经济活动影响下形成的。一般将低产水稻土分为四大类型,即山丘区的低洼地由于地下水的汇集而形成的冷烂田、页岩及其他泥质岩类生成的黏结田、砂岩类及其他沉积砂生成的沉板田、酸性极强的磺酸田。

## 一、冷烂田的改良和利用

冷烂田又称冷浸田,是我国低产水稻土中一个主要类型,约有 364 万 hm²,占低产稻田面积的 44.25%,广泛分布于南方诸省的山间谷地、丘陵区的低洼地段及湖泊周围。

### (一)低产原因

冷烂田是由于长期受冷泉或冷水浸渍形成的强还原性土壤。其低产原因可归纳为 5个方面,即"冷、烂、瘦、毒、死"。"冷"主要是指水土温度低,严重影响水稻返青、分蘖。"烂"主要是指土烂泥深,土粒高度分散,呈烂糊状,烂泥深度可达 30 cm 以上,水稻难以立苗,前期"飘秧"或"浮秧"多,后期易倒伏。"瘦"主要是指有效养分缺乏,缺磷、缺钾、缺锌十分严重,成为僵苗的主要原因。"毒"主要是指还原性强,还原性物质多,造成稻根发黑、腐烂,甚至全株死亡。"死"主要是指土壤微生物少、活性弱,有机质分解慢,释放养分少。

### (二)改良方法

(1)开沟排水、干耕晒田,以改善土壤水、气、热状况,消除有毒物质。

(2)增施有机肥,合理施用化肥,加速土壤熟化,提高土壤肥力。

(3)实行水旱轮作,其方法是:①春季种玉米、烟草、西瓜等早熟的夏收旱作,第二季种水稻;②冬季种油菜、绿肥、麦类作物,夏秋两季种水稻。

## 二、黏结田的改良和利用

黏结田是指黏重、发僵、黏结力大的低产水稻土,面积约 133 万 hm²。这种土壤分布于我国南方各省的山丘区,名称因地而异,如在云南、贵州称为胶泥田,广西称为腊泥田,广东称为泥骨田,福建称为黏瘦田,湖南称为夹泥田等。

黏结田形成的母质主要是页岩、石灰岩的风化物及第四纪红土和黏质湖相沉积物。黏结田低产原因是:

(1)土壤质地黏重,黏粒含量一般在30%以上,造成土壤通气透水不良。

(2)土壤有机质含量低,一般仅1%左右,有效养分也缺乏。

(3)土壤结构不良,耕性差。

黏结田改良措施包括客土掺砂、晒垡、冻垡和种植绿肥、增施有机肥等。

### 三、沉板田的改良与利用

沉板田是一种土壤质地过砂或粗粉粒过多的低产水稻土,广泛分布于我国南方和长江中下游地区,面积为200万~267万 $hm^2$ 。

沉板田因含砂多,泥砂比例失调,因此水耕后土壤颗粒迅速沉降,造成淀浆板结;有效养分含量低,并且保蓄能力差,容易漏水漏肥。

沉板田改良利用措施包括客土掺黏、种植绿肥、增施有机肥、改进灌排方法等。

### 四、磺酸田的改良与利用

磺酸田俗称返酸田,主要分布在广东、广西、福建、海南和台湾地区,以邻近河流入海口的滨海地段较为集中。这类土壤酸性极强,pH 值甚至小于 3,铝害严重,养分缺乏,对水稻生长极为不利。

磺酸田改良措施包括引淡水洗酸、深灌水压酸、施用石灰中和酸、填土隔酸及种植绿肥和大量施用有机肥等。

# 小　结

盐碱土是各种盐化土、盐土和碱化土、碱土的统称。这些土壤因含有过多的可溶性盐类,故对大多数作物会产生不同程度的危害。它主要是在干旱的气候条件、地势低洼、排水不畅、地下水位高、矿化度高等条件下形成的。土壤次生盐渍化主要是由于灌溉管理不当使地下水位升高所造成的,同时地下水的矿化度、土壤性质和气候条件对次生盐渍化过程的产生也有很大影响。

改良盐碱土,必须采取以水肥为中心,包括水利、农业、林业等各方面的综合措施。盐碱土改良一般采取分步骤进行:首先排盐、洗盐,降低土壤含盐量;然后种植耐盐作物,培肥土壤;最后种植作物。

低产水稻土是在气候、地形、母质和水文地质等各种自然条件与人类经济活动影响下形成的。一般将低产水稻土分为四大类型,即冷烂田、黏结田、沉板田和磺酸田。改良时必须根据其低产原因,采取针对性措施。

# 复习思考题

1. 盐碱土种植作物为什么产量低?
2. 盐碱土是怎样形成的?
3. 简述盐碱土的主要改良技术。
4. 简述冷烂田的低产原因和主要改良措施。

# 第七章 作物与水分

1. 了解水分在作物生理中的作用及水分传输的原理。
2. 了解灌溉与排水对改善作物生态环境条件的作用。
3. 了解作物需水的基本规律。
4. 理解作物需水临界期的概念及其对合理灌溉的重要性。
5. 了解作物灌溉指标。
6. 了解节水农业的概念和农艺节水技术。

作物与水分的关系十分密切,其全部生命活动都需要在一定的水分条件下才能进行,否则就会受到阻碍,甚至死亡。所以说,没有水,就没有生命,也就没有作物。在农业生产上,水是决定收成好坏的重要因素之一,农谚说"有收无收在于水"就是这个道理。因此,了解作物水分生理和生态关系,根据作物需水规律和灌溉指标,采取先进的灌水技术和科学的灌溉制度,便可收到节水优质高产的良好效果。

# 第一节 作物生理需水和生态需水

作物需水包括生理需水和生态需水。生理需水是指作物进行正常生理活动所需要的水分,生态需水是指维持和改善作物正常生长发育的环境条件所需要的水分。对作物进行灌溉时,应及时满足作物这两种需水要求,使之生长发育良好而高产。

## 一、水在作物生理中的作用

水是作物的重要组成部分,其含量常常是生命活动强弱的决定因素。生长活跃和代谢旺盛的组织的含水量一般达70%~80%,甚至达90%以上,如生长着根尖、嫩芽、幼苗的含水量为60%~90%。大多数种子的含水量为5%~15%,在萌芽之前一定要吸足水分,当种子含水量达40%~60%时才开始萌发。作物体内含水量分布大致遵循如下规律:生长旺盛的器官和组织高于老龄的器官和组织,上部高于下部,分生和输导组织高于表皮和其他组织。

作物体内的水分,按存在状态的不同,可分为束缚水和自由水两种。束缚水是细胞中靠近胶粒、受胶粒束缚(牢牢吸附)而不易移动的水分,其含量影响作物抗旱、抗寒能力。自由水则是离胶粒较远、不受束缚而能自由移动的水分,其含量决定作物的代谢强度,如光合强度、蒸腾强度、呼吸强度和生长速度等。因此,作物体内束缚水和自由水的含量及其比率,是反映水分生理状况的一项重要指标。如冬小麦的发芽、出苗和分蘖期,生长发育旺盛,自由水占总含水量的比例大;但随着气温逐渐下降,进入越冬期,束缚水占总含水量的比例逐渐增大,小麦的抗寒能力增强,从而顺利越冬;开春后,随着气温逐渐回升,小麦开始返青起身,自由水占总含水量的比例逐渐增大,生长速度加快,抗寒能力减弱,此时若出现寒潮,小麦易受冻害。

水分在作物生理活动中的作用如下:

(1)水分是细胞原生质的重要成分。在正常情况下,原生质的含水量一般为70%~90%,呈溶胶状态,有利于生命活动的进行。含水量减少,原生质由溶胶变成凝胶,生命活动就大大减弱。如果细胞失水过多,可引起原生质破坏而致死亡。

(2)水分是光合作用的重要原料。对于大多数作物来说,在一定范围内,随着株体和细胞中含水量的提高,光合强度也提高。据水利部、中国农科院农田灌溉研究所实测资料,小麦浇灌浆水后,旗叶的含水量平均提高5%~12%,叶片的净光合速度增加$1.3$~$2.9$ mg/(dm$^2$·h)。如果作物水分不足,就会抑制光合作用,从而严重影响产量。

(3)水分是作物溶解、吸收和运输养分的载体。一般来说,作物不能直接吸收固态的养分,只有溶解在水中才能被作物吸收,并输送至各器官。同样,由光合作用制造的有机物质,也只有溶于水才能输送至作物的各个部位。

(4)水分可使作物保持固有姿态。由于细胞含有大量水分,维持细胞的膨压(细胞吸水膨胀而对细胞壁产生的压力),使作物枝叶挺立,叶气孔张开,便于接受光照和气体交换,同时也使花朵开放,有利于授粉,保证作物正常生长发育。如果作物水分不足,就会发生萎蔫,造成危害。

(5)水分可以调节作物体温。炎热季节气温高,作物蒸腾强度大,散失水分多,好比人体出汗,有利于降低体温。

由于水分在作物生理活动中起着如此重大的作用,因此适时灌溉满足作物水分的需要,是夺取农业丰收的重要保证。

## 二、土壤—作物—大气水分传输系统

把水分在土壤、作物和大气中的流动看做是一个在物理上连续的动态过程,构成一个连续完整的系统,称为土壤—作物—大气连续体,简称SPAC。

### (一)作物对水分的吸收、输导和散失途径

根系从土壤中吸收的水分,主要经过茎、叶,最后散失于大气中。具体地说,土壤水→根毛→根的皮层→根的中柱鞘→根导管→茎导管→叶柄导管→叶脉导管→叶肉细胞→叶细胞间隙→气孔腔→大气(见图7-1)。

### (二)水分传输的原理

在土壤—作物—大气连续体中,无论是土壤、作物和大气,还是液态水和气态水,均具有一定的水势。系统内的水总是由水势高处向低处流动。当叶面蒸腾时,首先引起叶水势下降,从而在叶、茎之间产生水势差(水势梯度),使水分由茎部流向叶部;接着在茎、根间和根、土间发生连锁反应,最终形成由土壤经作物至大气的水流。土壤—作物—大气系统中水势分布的大致情况如图7-2所示。

在土壤—作物—大气连续体中,各个部位水势大小顺序是:$\Psi_土 > \Psi_根 > \Psi_茎 > \Psi_叶 >$

$\Psi_{大气}$。土水势一般为 $-0.5\sim0$ MPa,低于 $-1.5$ MPa 时,根系吸水困难。根水势一般最高为 $-0.4$ MPa,最低可降至 $-1.5$ MPa。茎每升高 1 m,茎水势降低 $0.03\sim0.04$ MPa,一般农作物的茎水势为 $-1.5\sim-0.4$ MPa。正常生长情况下的叶水势一般为 $-1.5\sim-0.5$ MPa。大气的水势特别低,当空气相对湿度为 50% 左右时,其水势约为 $-100$ MPa。由于有这样大的水势梯度,产生强大的蒸腾拉力,可使水分沿树木上升到 100 m 以上高大乔木的顶端,是水分向上输导的主要动力。而植物主动吸水的生理过程所产生的根压最多使水分上升20.4 m。大气和土壤是作物赖以生存的环境,通过对土壤—作物—大气连续体的研究及应用,可揭示作物与环境之间的水分传输规律,为进行农田水量平衡、确定作物需水量及制定灌溉排水计划提供理论依据。

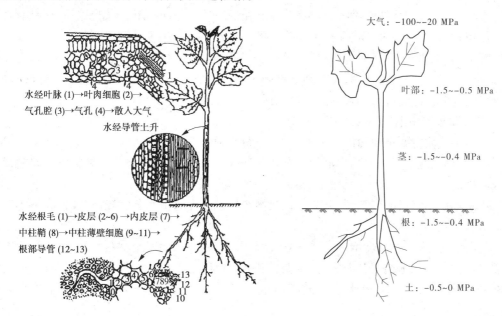

图 7-1 作物对水分的吸收、输导和散失途径　　　　图 7-2 SPAC 中水势分布示意图

## 三、灌溉与排水对改善作物生态环境的作用

### (一)调节土壤肥力

**1. 以水调气**

作物生长要求土壤中有适量的空气,以利于根系呼吸和有益微生物活动。水分和空气共同存在于土壤孔隙中,它们互为消长、互为矛盾,即土壤水多时,空气就少,反之亦然。可见,水分是矛盾的主要方面。因此,旱地里及时排除地表积水和土中滞水,降低过高地下水位,可以改善土壤通气状况,达到以水调气的目的。水稻田浅灌、勤灌和适时排水晒田,促使水气交换,增加土壤中氧气含量,可减少有毒物质的产生,改善土壤理化性状,促进养分的分解和活化,增强根的活力,起到促根控蘖作用。

**2. 以水调温**

作物生长要求适当的土壤温度和大气温度,温度过高或过低都会抑制和危害作物的生长发育。由于水的热容量和导热率远大于空气,当土壤水分增加或减少时,都会影响土壤温度变化,所以在低温和高温来临之前,增加土壤水分,可以缓和、稳定土温及气温变化,缩小昼夜温差,防止作物受害。在早春升温季节需要尽快提高土温时,通过适当排水以降低土壤含水量或稻田水层,有利于提高土壤和大气温度。例如,早春水稻育秧时,天气较冷,昼夜温差较大,必须白天排水,晚上灌水,以吸热保温,使幼苗不受冻害。冷烂田排除冷浸水和降低过高的地下水位,有利于提高土温。玉米、棉花等作物夏天灌水则可以降低土温或抑制土温上升,避免高温危害。越冬作物如冬小麦等在冻前灌水,可以平抑地温,防止或减轻冻害。

### 3. 以水调肥

作物对养分的吸收必须以水为媒介(或载体)。如果土壤中有丰富的养分,而没有足够的水分,则养分不能被作物吸收。养分只有在适当的水分配合下,才能发挥其对作物的营养作用。同时,土壤水分状况对土壤养分的转化和保持也有重大的影响。生产上通过合理灌排,以水调肥,可以促进或控制土壤养分的分解和转化的方向,防止养分的流失浪费,既有利于作物的吸收利用,又有利于培肥土壤。例如,通过水层的变化,调节养分的积累、分解和利用,以促进水稻合理的吸收,健壮生长。

### (二)改善农田小气候

农田小气候主要指地面以上 2 m 内的空气层温度、湿度、光照和风的状况,以及土壤表层的水、热状况。它是作物生活的重要环境条件,对作物生长发育及产量高低有许多直接或间接的影响。

影响农田小气候的因素很多,其中通过灌溉排水改变农田水分状况,对改善农田小气候有显著作用。

在灌溉之后,土壤湿度增加,土壤热容量和导热率增大,同时土壤蒸发耗热也增加,所以灌溉地比未灌溉地白天升温慢,温度低,夜间降温慢,温度高,土温日变幅小。日平均土温在升温季节(如春季)灌溉地比未灌溉地低,而在寒冷降温季节灌溉地则比未灌溉地高。

随着土壤温度和湿度的改变,灌溉地上面的空气湿度和温度也相应发生变化。如据某地 4 月观测,13:00 在距地面 30 cm、50 cm 和 100 cm 的三个高度处,灌溉地比未灌溉地的相对湿度分别高 20%、13% 和 12%。灌溉地的气温日变幅较未灌溉地小。灌溉地上面的空气温度,在降温期间要比未灌溉地高,而在升温期间,则比未灌溉地低。据某地观测,在 20 cm 高处的空气温度日变幅,灌溉地为 16.7 ℃,未灌溉地为 21.5 ℃,灌溉地比未灌溉地低 4.8 ℃。

灌溉排水对农田小气候的影响是复杂的。不同的灌排时间和灌排方法都会对农田小气候产生不同的影响。例如,在喷灌的情况下,水分通过机具喷洒,以雾滴状降落在植株和地面上,其对农田小气候的影响更为显著。据一些喷灌与地面灌溉对比试验资料,一般喷灌比畦灌的空气湿度要高 10% ~ 20%,空气温度在高温季节可低 1 ~ 3 ℃,低温季节可高 1 ℃左右。

由于灌溉排水对农田小气候会产生多方面的效应,因而在农业生产中,高温季节可利用灌溉来防止高温干旱和干热风的危害;低温季节可防止低温和霜冻的危害。在土壤墒情尚好,而温度对作物生育影响较大的时候(如小麦分蘖期温度低,不利于分蘖;成熟期温度低,造成贪青晚熟),则要认真考虑灌水时间和灌水量,以防止灌水后由于温度降低带来的不良后果。水稻田采用合理灌排和适时晒田等措施,更可以收到改善农田小气候的良好效果。

**(三)提高农业技术措施的质量和效果**

农业技术措施如土壤耕作、施肥、田间管理等,都与田间的水分状况有密切的关系。灌溉排水和各项措施合理配合,可以提高各项农业技术措施的质量和效果,为作物生长创造良好的环境条件。

1. 提高耕作质量

土壤水分状况是选择宜耕期(适宜耕作的时间长短)的重要条件,且影响耕作质量。土壤过湿或过干耕作,不仅阻力大,而且易形成硬土块或湿泥条,耕作质量差,因此通过灌溉排水,创造适宜的土壤含水量,才能保证耕作质量。一般旱地土壤的宜耕含水量大体相当于田间持水量的60%～80%(土壤墒情为黄墒),其中黏质土的宜耕范围较窄,而砂质土的宜耕范围较宽。我国各地农民对宜耕期的选择有丰富的经验:取一把土握成团,而后松手使土团落地,碎散的即可耕作;采用试耕,犁起后的土垡能自然散开,即可耕作。

2. 提高施肥效果

各种肥料都必须溶于水,并保持一定的溶液浓度,才能被作物吸收利用。适宜的土壤水分,能使溶于水的肥料移动到根系周围,以便作物吸收。水分过少,有机肥不易分解,养分不能转化为离子态,作物不能吸收利用,化肥可因浓度过大,造成生理干旱,甚至产生"烧苗"现象。水分过多,土壤通气不良,有机肥也不易分解,化肥则易被淋溶而随水流失,造成浪费。所以,在水分不足或过多的情况下,结合施肥进行灌溉排水,可使土壤中的水分有利于肥效的发挥,防止肥料流失浪费,提高施肥效果。在施肥与灌溉排水的顺序上,一般应注意下列原则:

(1)播前施肥又灌水时,为避免肥料淋失或遭受还原作用而损失,应先灌水后施肥。

(2)旱作物生育期间,一般可先施肥,后灌水,借灌溉水的下渗,使肥料移至根系周围,以便吸收。但要注意灌水方法和技术,避免肥料流失。

(3)水田追肥前应适当降低水层,追肥后结合耕耘,使水、肥、土相融,当水分快渗完时再灌水。切忌追肥后立即排水,造成肥料流失浪费。

3. 调控作物的生长发育

作物播种后必须搞好田间管理,对作物的生长发育有促有控,才能实现高产,而灌溉排水是调控管理的中心环节。

作物在密度大的情况下,个体与群体的矛盾增大,容易造成通风透光不良,影响植株的正常生长发育,后期容易倒伏。采用合理的灌溉排水,并结合运用其他管理措施,可以调节土壤水分和养分,促进或控制作物的生长发育,保持合理的群体动态。例如,高产麦田年前分蘖过多、群体过大时,在返青起身期应适当地控制水肥的供应。可根据大蘖根深、小蘖根浅的特点,采用迟灌水与深中耕、断浮根、散表墒相结合的措施,使大蘖能得到足够的水分和养分而继续长大,小蘖则吸水困难而相继死亡。至两极分化明显时再灌水追肥,由控转促。棉花和玉米的"蹲苗",水稻的落干晒田,都是通过适当减少水分供应来促进地下部分生长,同时控制地上部分生长,为以后高产不倒伏打好基础。

# 第二节　合理灌溉依据

在农业生产上,要了解作物需水规律和灌溉指标,才能做到合理灌溉、科学灌溉。

## 一、农田耗水途径和作物需水量的概念

### (一)农田耗水途径

农田水分消耗途径有作物蒸腾、棵间蒸发、深层渗漏和地表流失。此外还有杂草对水分的消耗。

1. 作物蒸腾

作物蒸腾是指作物体内的水分通过作物体表面(主要是叶面)以气体状态散失到体外(大气)去的过程。

衡量蒸腾作用的指标有蒸腾速率、蒸腾系数和蒸腾效率。

(1)蒸腾速率。又称蒸腾强度,表示的是单位时间单位叶面积蒸腾散失的水量,一般用 $g/(dm^2 \cdot h)$ 表示。通常白天的蒸腾速率为 $2 \sim 2.5\ g/(dm^2 \cdot h)$,夜间在 $0.1\ g/(dm^2 \cdot h)$ 以下。

(2)蒸腾系数。作物每制造 1 g 干物质所蒸腾耗水的克数。大多数作物蒸腾系数为 $100 \sim 500$。

(3)蒸腾效率。作物每蒸腾耗水 1 kg 所形成干物质的克数。大多数作物的蒸腾效率为 $2 \sim 10\ g/kg$。

作物蒸腾要消耗大量的水分,这是作物生理上所必需的。但是采取合理灌溉和农业技术措施,可以降低蒸腾系数,提高蒸腾效率。

2. 棵间蒸发

棵间蒸发是指作物植株之间的土壤或田间水层的水分蒸发。棵间蒸发水分,大部分是属于无益的消耗,因此必须采取一些措施,如耕作、覆盖和合理灌溉等,以减少棵间蒸发,节省灌溉用水量。

作物蒸腾和棵间蒸发都在很大程度上受气象因素的影响,二者常互为消长。一般在作物生育初期,由于植株小,棵间地面裸露大,以棵间蒸发为主。随着植株长大和叶面积系数(单位面积土地上植株总叶面积与土地面积的比值)的增加,裸露面积缩小,作物蒸腾逐渐大于棵间蒸发。到作物生育后期,由于生理活动减弱,蒸腾耗水又会有所减少,而棵间蒸发又相应有所增加。

作物蒸腾和棵间蒸发所消耗的水量,总称为土壤水分蒸发蒸腾量或蒸散量,我国简称为腾发量。

3. 深层渗漏

深层渗漏是指由于降水或灌溉水量过多,使根系活动层中的土壤含水量超过了田间持水量,此时所形成的重力水就下渗至根系区以下的土层。旱地的深层渗漏会降低灌溉水的利用率,而且会造成水分和养分的流失浪费。合理灌溉可避免深层渗漏的产生。而水稻田应有适当的深层渗漏,以促进稻田通气,改善土壤氧化还原状况,促进根系健壮生

长,但是渗漏量过大,也会造成水分和养分的流失,与开展节水灌溉有一定的矛盾。

### 4. 地表流失

地表流失是指灌溉水或降雨未被土壤和作物吸收拦截而从地表流失。这会冲刷土壤和带走养分,应设法避免或尽量减少。

### (二)作物需水量

作物需水量是指作物在适宜的土壤水分和肥力水平下,经过正常生长发育,获得高产时的植株蒸腾与棵间蒸发的水量之和,以 mm 或 $m^3/hm^2$ 计。作物需水量是研究农田水分变化规律、水资源开发利用、农田水利工程规划和设计、分析及计算灌溉用水量等的重要依据。

## 二、作物需水的基本规律

研究和掌握作物需水规律,是进行合理灌排,科学调节农田水分状况,适时适量地满足作物需水要求,保证作物高产稳产的前提。

### (一)影响作物需水量的因素

#### 1. 气候条件

气温、日照、空气湿度、风速等气候条件对作物需水量有很大的影响。气温越高,日照时间越长,太阳辐射越强,空气湿度越低,风速越大,作物需水量越大;反之则越小。

#### 2. 作物特性

作物种类不同,需水量亦不相同。一般来说,凡生长期长、叶面积大、生长速度快、根系发达的作物需水量就大;含蛋白质或油脂多的作物比含淀粉多的作物需水量大;高产品种一般喜水喜肥,作物需水量要多一些。同一种作物,品种不同,需水量也有差异,耐旱、早熟品种比晚熟、喜水品种作物需水量少。作物按需水量多少大体可分为三类:需水量较多的有水稻、麻类、豆类等,需水量中等的有麦类、玉米、棉花、油菜等,需水量较少的有高粱、谷子、薯类等。

#### 3. 土壤性质

土壤水分是作物需水的主要来源,对需水量的影响很大。在一定的土壤湿度范围内,作物需水量随土壤含水率的提高而增多,二者成正相关关系。土壤质地、土层厚度、剖面构造、孔隙状况、团粒结构、有机质含量、地下水位高低等,都对作物需水量有不同程度的影响。一般来说,土壤结构不良,砂性土、地表板结的土壤、粗糙的土壤,作物需水量大。土壤颜色有深有浅,颜色较深的土壤吸热多,蒸发就多。

#### 4. 农业技术措施

农业技术措施对作物需水量也有一定的影响。例如,密植使作物蒸腾量大大增加;施肥使作物生长茂盛,也使作物蒸腾量增多;中耕和塑料薄膜覆盖等措施,对减少地面蒸发、降低作物需水强度有显著作用。灌水量和灌水技术不同则需水量也不同。渗灌、滴灌和喷灌比沟灌、畦灌需水量明显减少,节水节能。灌水次数多、灌水量大时,需水量增多。

作物需水量受上述诸多因素的影响,在不同地区和不同水文年里都有很大的变化。但是,由于气候条件是主要影响因素,所以需水量的变化也有一定的规律,如干旱年比湿润年多,干旱地区比湿润地区多,生长期长的比生长期短的多,耕作粗放、管理水平低的比耕作精细、管理水平高的多,灌水技术差的比灌水技术好的多等。我国几种主要农作物的需水量如表7-1所示。

表7-1　我国几种主要农作物的需水量　　　　　　（单位:mm）

| 作物 | 地区 | 水文年 | | |
|---|---|---|---|---|
| | | 干旱年 | 中等年 | 湿润年 |
| 双季稻<br>（每季） | 华中、华东 | 450～675 | 375～600 | 300～450 |
| | 华南 | 450～600 | 375～525 | 350～450 |
| 中稻 | 华中、华东 | 600～625 | 400～750 | 300～675 |
| 一季晚稻 | 华中、华东 | 750～1 050 | 675～975 | 600～900 |
| 冬小麦 | 华北北部 | 450～750 | 375～600 | 300～525 |
| | 华北南部 | 375～675 | 300～600 | 240～450 |
| | 华中、华东 | 375～675 | 300～540 | 225～420 |
| 春小麦 | 西北 | 375～525 | 300～450 | — |
| | 东北 | 300～500 | 270～420 | 225～375 |
| 玉米 | 西北 | 375～525 | 300～375 | — |
| | 华北 | 300～375 | 225～300 | 195～270 |
| 棉花 | 西北 | 525～750 | 450～675 | — |
| | 华北 | 600～900 | 525～750 | 450～675 |
| | 华中、华东 | 600～975 | 450～750 | 375～600 |

**（二）作物需水量的变化过程**

作物全生育期的日需水量(需水强度)是逐日变化的,一般规律是:前期小,由小逐渐增大,到生育盛期达到最高峰,后期又有所减少。这是由于生长初期,植株矮小,生长较慢,叶面积小,蒸腾量也就小,所以作物需水量较少;随着作物的生长发育,植株长大,叶面积逐渐增大,蒸腾量也随之增加,到生育盛期,营养生长和生殖生长同时进行,生长速度快,耗水量多;生长后期,生理机能逐渐衰退,叶面积减小,耗水量又逐渐减小。所以,作物全生育期的需水量有一个由低到高再到低的变化过程(见图7-3)。其中,需水量最大的时期称为作物需水高峰期,大多出现在生育旺盛、蒸腾强度大的时期。例如,水稻在拔节孕穗期至抽穗开花期,棉花在花铃期,玉米在拔节期至灌浆期。

**（三）作物需水临界期**

作物一生中都需从外界吸收水分,任何生育时期(或阶段)缺水都会对作物产生不良影响。但不同生育期对缺水敏感程度不同,通常把作物一生中对缺水最敏感、需水最迫切,以致对产量影响最大的生育期称为作物需水临界期或需水关键期。如果这一时期缺水,对作物生长发育会带来严重危害,甚至带来难以弥补的损失。各种作物的需水临界期不完全相同,粮食作物的需水临界期大多数出现在从营养生长向生殖生长过渡的时期,且与需水高峰期相同或接近。玉米的需水临界期在抽雄期至乳熟期,小麦在孕穗期和灌浆期,水稻在孕穗期、抽穗开花期和灌浆期,大豆在花芽分化期至开花期,棉花在花铃期特别是盛花期。而以生产块根为目的的甜菜,以生产蔗秆为目的的甘蔗,以生产烟叶为目的的

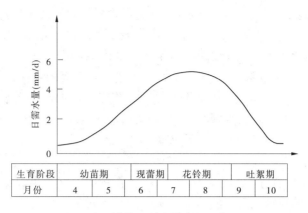

| 生育阶段 | 幼苗期 | | 现蕾期 | 花铃期 | | 吐絮期 | |
|---|---|---|---|---|---|---|---|
| 月份 | 4 | 5 | 6 | 7 | 8 | 9 | 10 |

图 7-3　棉花日需水量变化示意图

烟草,它们的需水临界期都在营养生长期内。

根据各种作物需水临界期不同的特点,可以合理选择作物种类和种植比例,使用水不致过分集中。在干旱缺水时,应优先灌溉处于需水临界期的作物,以充分发挥水的增产作用,收到更大的经济效益。作物需水临界期也是灌溉工程规划设计和制定合理用水计划的重要依据。例如,灌溉水库的库容、灌溉渠道的断面、泵站的功率等,都应具有足够的供水能力,以满足作物需水临界期的需水量。

### 三、作物灌溉指标

为了满足作物的生理需水和生态需水,避免水分胁迫对作物的不良影响,必须适时适量地对作物进行灌水。我国劳动人民在长期的生产实践中,对作物的适时适量灌水积累了丰富的经验,如看天、看地、看作物("三看")等。

#### (一)气象指标

所谓看天,是指看气象指标、气候条件。根据季节时令、降雨多少、气温高低、风的大小及其他天气情况等来决定灌水时间。根据一定的气象指标来进行灌水,既要看当时的天气情况,又要看当地的气候特点和变化情况。例如,在炎热季节,天气干旱、气温高、空气湿度小,田间水分蒸发快,作物蒸腾耗水多,一般有 10 d 左右不下透雨,旱作物就应及时灌水。所谓透雨,一般指能渗入土壤中一定深度、雨量为 25 mm 以上的降雨。如果雨量过小或不足,则仍需灌水或稍推迟灌水。如果下的是阵雨或暴雨,虽然雨量大,但可能大部分随地表径流而流失,土壤入渗水量少,在这种情况下仍应补充灌水。夏天干旱需要灌水时,每次灌水量应大一些。有时按作物生理需求,需要马上灌水。如果遇上大风(4级以上),灌后会引起作物倒伏,则应推迟灌水。有时从生理需水看并不缺水,但为了预防霜冻或干热风等的危害,反而要及时灌水,如早稻育秧时,常有晚霜、低温寒流和大雨大风的危害,必须密切注意天气变化情况,进行合理灌溉,以水调温,以水护秧。

#### (二)土壤指标

所谓看地,是指看土壤或田间水分状况、土质肥瘦、地温、地形部位及地下水位高低等。其中,土壤水分状况是确定作物是否需要灌水和灌水多少的主要依据。对大多旱作物来说,一般主要根系活动层内(0～40 cm)的适宜土壤含水量下限大致为田间持水量的

55%～70%。当土壤含水量下降接近适宜土壤含水量下限时,要及时适量的灌水。但不同作物和同一作物的不同生育阶段,其适宜下限值及所要求的土壤深度有所不同。通过试验求出各种作物不同生育阶段所要求的一定土壤深度内的适宜土壤含水量下限值,就可用做适时灌水的指标。土壤质地、土层厚薄、土壤松紧状况等的不同,会使土壤蓄水、保水和耐旱的能力有很大的差异。一般土质较黏、土层较厚、土壤结构好、腐殖质多、精耕细作的土壤,保水耐旱能力较强,每次灌水量可大些,灌水次数可少些,灌水间距可长些;反之,对保水耐旱力差的土壤,必须勤灌、少量灌。

### (三)作物指标

所谓看作物,是指看作物的生长状况,包括看作物的不同种类、品种和同一品种作物不同生育期对水分的要求与反应的情况。灌溉的真正对象是作物而不是土壤,而且作物的生长情况实际上能综合反映天气和土壤水分的变化情况,故合理灌水应以作物的生长情况为主要依据。作物灌水指标有作物形态指标、水分生理指标和群体动态指标三类。

**1. 作物形态指标**

由于作物植株的形态与水分状况关系密切,当作物缺水时,幼嫩的茎叶就会先凋萎(因水分供应不上,细胞膨压下降),茎叶颜色转为暗绿(细胞生长缓慢,叶绿素累积较多)或变红(干旱时碳水化合物的分解大于合成,细胞中积累较多的可溶性糖,形成较多的红色素),叶片由大变小,生长速度下降。当作物出现这些现象时,都是缺水的反应,需要立即灌水。作物形态指标一般不需仪器观测,但需具有丰富经验的人才能掌握好。一般当作物的外观呈现明显缺水症状时,其内部生理活动往往已受到抑制,故难以及时满足作物高产对水分的需要。

**2. 水分生理指标**

科学试验证明,作物水分不足时,首先会灵敏地反映在水分生理上。利用各种水分生理指标指导灌水,能及时合理地保证作物生长发育对水分的需要,从而获得较高的产量。水分生理指标主要有叶水势、细胞液浓度和气孔开张度等。例如,当棉花叶水势达 $-1.4～-1.5$ MPa 时就需灌水。冬小麦功能叶的细胞汁液浓度,在拔节期到抽穗期以 $6.5\%～8.0\%$ 为宜,$9.0\%$ 以上表示缺水,应予以浇灌;抽穗期后以 $10\%～11\%$ 为宜,超过 $12\%～13\%$ 就应灌水。如果根据气孔张开度,小麦气孔张开度达 $5.5～6.5$ $\mu m$,甜菜气孔张开度达 $5～7$ $\mu m$ 时,都应进行灌水。但需强调指出的是,不同地区、不同作物、不同品种、不同生育阶段的适时灌水生理指标都可能有所不同。因此,应用时必须事先通过试验研究,找出适合于当地的各种作物各个阶段的灌水指标。

**3. 群体动态指标**

作物的群体动态指标,例如单位面积上分蘖或分枝的多少、叶面积系数的大小、是否通风透光和有无倒伏危险等情况,都可作为确定是否需要灌水的依据。特别是在高产栽培和科学管理条件下,群体动态指标显得更为重要。

最后还须指出,"三看"指标之间是有密切关系的,采用时最好将三者结合起来。其中,应以看作物为主,特别是作物的水分生理指标是比较先进科学的灌水指标。由于测定灌水生理指标需要用一定的仪器设备,目前国内应用还不广泛,在应用的理论和经验方面也不够完善,只有随着农业现代化的进程逐步解决。

## 四、节水灌溉的生理基础

### (一) 水分亏缺与作物生长

**1. 水分亏缺和水分胁迫的概念**

简单地说,当作物蒸腾失水超过根系吸水时,即发生水分亏缺。但一定范围内的作物水分亏缺不会对其正常生长发育产生不利影响。只有当作物水分亏缺发展到足以干扰正常生理活动,使其代谢失调时,才产生水分胁迫。产生水分胁迫的临界水分亏缺值取决于作物种类、生育阶段及气象条件等因素。用以反映水分亏缺程度的主要指标是作物水分生理指标。

**2. 水分亏缺和水分胁迫对作物的影响**

水分胁迫将会抑制作物器官和个体的生长发育,影响作物的光合与呼吸作用,影响作物碳水化合物的代谢与同化物的运输,影响作物的生化反应,影响作物对养分的吸收,最终将导致作物干物质累积减少和产量的降低。水分亏缺对作物生长发育和产量的影响,很大程度上取决于作物对水分亏缺的敏感性。一般作物发芽出苗阶段,轻度水分亏缺会造成缺苗,但对最终产量的影响不会十分明显,严重的水分亏缺则会造成死苗而影响产量。在营养生长阶段,水分亏缺影响植株大小和干物质的生产,但短期轻度缺水后及时补充水分能使作物重新获得生长,不会引起产量下降。在生殖生长阶段,作物对水分亏缺反应特别敏感,特别是在作物从营养生长到生殖生长的过渡阶段,即作物的需水临界期或称需水关键期,水分亏缺对作物产量影响最敏感、最严重。

**3. 作物对水分胁迫的回应**

植物的根系有明显的可塑性,在干旱环境下,会将深层土壤中的水分提升至浅层干燥土壤中释放,以维持处于干旱土壤中根系的活力。因此,干旱条件下,根系形态会发生明显变化,即主根长度增加、根系分枝减少、细根数量明显增加、根冠比增加。

干旱胁迫下,作物通过代谢活动积累生物相溶性物质,一方面增加细胞内溶质浓度,从外界浓度低的介质中继续吸收水分以维持正常的代谢活动,从而增强作物原生质的保水能力,提高作物抗旱性;另一方面维持各种细胞器及细胞内酶系统的活性,增加作物抗性。

水分亏缺还能增加作物表面的蜡质层,有利于作物抵抗病原生物的入侵,同时提高与抗病有关的酶的活性,产生作物抗毒素,从而增加作物抗病性。

### (二) 水分亏缺与节水灌溉

农业生产实践表明,作物一定时期的缺水,并不一定会降低产量,一定时期的有限水分亏缺(如玉米"蹲苗")还可能对增产和水分利用有利。干旱缺水对作物的影响有一个从"适应"到"伤害"的过程,不超过适应范围的缺水,往往复水后,由于产生了生理上、生产上的补偿效应,将对作物增产更为有利。作物与水分关系的上述研究结果,已通过种植结构的调整、关键灌水期的选择、品种应用及合理施肥等技术在缺水区得到一定应用。如调亏灌溉技术,就是根据作物生长发育规律及生产实际需要,有目的地不充分供给水分,使作物受水分胁迫,并在特定时期控制营养生长,促进生殖生长,达到既节水又增产的目标,该技术效果很好。节水灌溉新技术的提出和实施,对由传统的丰水高产型灌溉转向先进的节水优产型灌溉,提高水分利用率起到了积极作用,从根本上改变了农田灌溉的内涵,是农田灌溉理论的一场深刻的革命。

# 第三节　节水农业

我国是一个水资源相对贫乏的国家,水资源总量为$2.8 \times 10^{12}$ $m^3$,人均占有量仅2 200 $m^3$,不足世界人均水平的1/4,居世界第109位。我国水资源的地区分布也极不平衡,81%的水资源集中分布在长江流域及其以南地区,长江以北地区人口和耕地分别占全国的45.3%和64.1%,而水资源量却仅占全国的19%,人均占有量为517 $m^3$,分别相当于全国人均量的1/5和世界人均量的1/20;即使是在水量丰沛的长江流域及其以南地区,也由于流域内水资源年内变化、年际变化大导致水旱交替成灾,以及水质污染严重等导致用水困难,水资源与生产发展极不适应。

一方面,我国农业用水面临资源短缺;另一方面,我国农业用水效率低,浪费严重。具体表现在:一是输水损失大,水的利用率低,井灌区为0.6左右,渠灌区为0.35左右,而一些发达国家可达到0.8以上;二是作物水分生产率(或水的利用效率)低,灌溉农业为1 $kg/m^3$,旱地农业为$0.3 \sim 0.4$ $kg/m^3$,而发达国家大体都在2 $kg/m^3$以上;三是农业用水管理水平低,利用不合理,浪费严重。因此,发展节水农业不仅是缓解当前水资源紧缺的重大举措,也是我国农业可持续发展战略的必然选择。

## 一、节水农业的概念

节水农业就是提高用水有效性的农业,也就是充分利用降水和可利用的水资源,采用水利和农业措施,提高水的利用率和水分生产率的农业,包括节水灌溉农业和旱地农业。同时,节水农业通过治水、改土,改革耕作制度与种植制度,调整农业生产结构,增加农民收入,发展节水高产优质高效农业,最终实现水资源的可持续利用和农业可持续发展。农业节水措施包括极其丰富的内容:农学范畴的节水(作物生理、农田调控),工程范畴的节水(灌溉工程、灌溉技术)和农业管理的节水(政策、法规与体制)。

## 二、农业节水技术

发展节水农业,不仅取决于先进的灌溉技术,而且得益于精良的农艺栽培耕作技术。农艺节水措施主要有以下几个方面。

### (一)保墒类节水措施

#### 1.机械蓄水保墒

机械蓄水保墒措施主要包括早耕、深(松)耕、耙耱、中耕松土、雨后(灌后)适时锄地松土、少耕和免耕等,是千百年来行之有效的蓄水保墒措施。早耕是一些地区秋作物农田蓄水保墒的一项重要措施。所谓早耕,是指在农作物收获以后适墒早耕。许多地区的群众都有"春墒秋保,春苗秋抓","秋雨春用,春旱秋抗"早耕蓄水保墒经验。据河北省沧州地区农科所调查,秋耕地土壤含水量为17.1%,未秋耕地的土壤含水量只有14.1%。

深(松)耕是机械蓄水保墒的另一项重要措施,是建立旱地合理耕作制度的核心,是提高土壤调控水分能力和管理农田生态系统的重要措施,是促进旱地秋粮稳产高产的一项重要技术。一般3~5年深(松)耕一轮,深(松)耕应在秋冬失墒以前进行。据黑龙江省多点调查,深(松)耕的多年平均增产效果,粮食作物(玉米、大豆、谷子、高粱)为8%~10%,甜菜、甘薯为20%左右,干旱年增产更明显。比较深(松)耕与翻耕试验区,深(松)耕的每公顷蓄水量增加579 m³,当试验区6~10月降水量为376.1 mm时,深(松)耕的水分下渗深度为1.1 m,不深(松)耕的只渗到0.6 m,一般深(松)耕地的储水深度都可达到1.0~1.5 m,对保墒防旱有重要作用。

耙耱是保墒耕作的又一项重要措施。所谓耙耱,是指翻地后用齿耙或圆盘耙进行碎土、松土、平整地面,实行翻地—耙地—耱地的"三连贯"作业,可以进一步耱碎表土、耱平耙沟,使田面更加平整,并具有轻压作用,使地面形成一个疏松的覆盖层,以减少蒸发。秋翻地要随犁、随耙、随耱,称为秋耕地耙耱。据甘肃省定西地区农科所、山西省气象科学研究所测定:秋耕后及时耙耱的20 cm土层的土壤含水率比不耙耱的分别增高17.2%和3%(干土层减少3 cm)。为了防止土壤返浆水的无效蒸发,要进行早春顶凌耙耱,早春顶凌耙耱时间一般在早春土壤解冻2~3 cm时(即昼消夜冻期间)。顶凌耙耱保墒的关键:一是要早,二是要细,三是次数要适宜。据山东省农业科学院调查,耙后耱地比耙后不耱地的,干土层浅1.4 cm,土壤含水量(5~10 cm)多1.9%。

雨后或灌后适时锄地和中耕松土是机械蓄水保墒的又一组成部分。一场透雨或一次灌水之后的农田土壤水分无效蒸发消耗速率最大,这时锄地松土或中耕松土都可以达到破坏毛细管、减少土壤水分无效蒸发、提高对降水量的纳蓄能力的作用。据辽宁省农业科学院调查,对玉米进行中耕松土试验表明,与对照区比较增产7.2%~10.8%,提高土壤含水率0.51%~4.7%。

2.覆盖蓄水保墒

1)秸秆覆盖

所谓秸秆覆盖,是指利用农业副产物(如茎秆、落叶、糠皮)或以绿肥为材料进行的地面覆盖。农田覆盖一层秸秆后,一方面可使农田土壤表面免受风吹、日晒和雨滴的直接冲击,保护土壤表层结构,提高降水入渗率;另一方面可隔断蒸发面与下层毛细管的联系,减弱土壤空气与大气之间的乱流交换强度,可以起到有效抑制土壤蒸发的作用。按覆盖秸秆的时间可分为休闲期覆盖和生育期覆盖两种。麦田休闲期覆盖是在麦收后及时翻耕灭茬,耙耱后将随即粉碎成20 cm左右的秸秆均匀地覆盖在地面上(覆盖量为4 500~6 000 kg/hm²)。生育期覆盖随作物种类而定,其中冬小麦田的覆盖可在播种后(必须在出苗前)、冬前(小麦开始越冬后)和返青前覆盖,以冬前覆盖最好,覆盖量一般为3 800~4 500 kg/hm²,小麦收获后将覆盖的秸秆翻压还田。春播作物生育期覆盖时间,玉米以拔节初期(小喇叭口)、大豆以分枝期为宜,覆盖量一般为4 500~6 000 kg/hm²(作物成熟收获后将覆盖秸秆还田)。据测定,与对照区相比,麦田休闲期覆盖,小麦播前0~100 cm、0~200 cm土层的含水量比对照区分别提高1.7%和2.5%;旱地小麦增产788~1 410 kg/hm²,增产幅度17%~31%;水分利用效率提高0.3~0.46 kg/m³。

在免耕、少耕条件下的秸秆覆盖有两种:一种是在前茬作物收获后不耕直接播种,播种后将前茬作物秸秆覆盖在地表,在作物全生育期内一般不再进行常规表土耕作。本项技术由前茬直接播种、化学除草和秸秆覆盖三个环节组成。实践表明,它具有明显的节水效果,在培肥地力、省工、省时、节能方面效果也很显著。另一种是秋收后将玉米或高粱秸秆割倒(人工作业)或顺垄推倒(机械作业),均匀铺在地表面,不灭茬不耕翻,播种时按播种行将秸秆扒开,形成半覆盖形式。

2)地膜覆盖

地膜覆盖栽培措施的主要优点是:显著抑制田间土壤水分无效蒸发,集水、保墒、提墒;提高耕作层地温,改善作物中下部光照条件,促进作物生长发育,缩短作物生长期,避免冷冻灾害;抑制杂草生长等。因此,地膜覆盖栽培措施比秸秆覆盖更具有节水增产效果。徐州水文局汉王试验站资料显示,采用地膜覆盖栽培春玉米,其生长期缩短了15 d,增产量高达 600 ~ 4 400 kg/hm$^2$。甘肃省利用地膜覆盖栽培的春小麦(水浇地)与对照区比较,节水 750 ~ 900 m$^3$/hm$^2$,增产 450 ~ 1 890 kg/hm$^2$,水分利用效率提高 0.82 ~ 0.89 kg/m$^3$。

3. 化学制剂调控节水

目前,我国在农业节水增产方面已经推广应用的化学制剂,主要有抗旱剂一号(FA)、翠竹牌生长素、吸水剂、水分蒸发抑制剂、土壤保墒增温剂、钙 – 赤(Ca – GA)合剂、"ABT生根粉"等。

抗旱剂一号(FA)的主要化学成分是黄腐酸,是一种多功能调节作物生长的抗蒸腾剂。抗旱剂一号可以缩小气孔张开度、抑制植物蒸腾,增加叶绿素含量、加强光合作用,促进根系活力、加快吸收运转,提高酶的活性。目前已被广泛地应用于干旱地区,尤其在需水临界期即需水关键期使用有显著的节水增产效果。翠竹牌生长素也具有类似功能。

吸水剂又称保水剂,是一种人工合成的高分子材料,它与水分接触时,能够吸收和保持相当于自身重量几百倍的水分。大量试验研究表明,保水剂具有提高农田保水保肥能力,节约农田用水量,改良土壤结构,提高种子出苗率、幼苗移栽成活率,促进作物幼苗生长发育等功效。据试验,利用吸水剂进行种子包衣播入土壤后,能立即吸收种子周围的土壤水,在种子表面形成一层水膜,给种子萌芽提供水分;XJ – 1 型吸水剂以 0.5% 的比例加入不同质地土壤(砂土、壤土、黏土),使土壤含水量增加 7% ~ 20%,土壤孔隙率增加7% ~ 11%。

水分蒸发抑制剂在土壤表面形成的分子膜,可以改变原来土壤表面直接裸露于空气中的状态,就像在表面涂有一层油状保护膜一样,可以抑制水分子自由地向空气中逸散,而形成的网状薄膜可以使氧气或二氧化碳气体分子自由出入。因而,其既可以抑制土壤水分蒸发,又不影响作物根部的正常呼吸,能起到保水增产的作用。

土壤保墒增温剂又称液体覆盖膜,加水稀释喷洒在农田土壤表面能形成一层均匀薄膜,抑制土壤水分蒸发。

钙 – 赤(Ca – GA)合剂是一种氯化钙和赤霉素混合剂,主要用于浸种,提高干旱条件下的种子出苗率,加速成苗,而且抵御小麦生长后期可能受到的干旱,达到节水、抗旱、增产的目的。

"ABT生根粉"是一种对促进作物根系发育具有特殊功能的拌(浸)种制剂,也可以用于幼苗喷施。它对于旱作和节水灌溉农田充分利用土壤水具有显著效果。

在以上 7 种化学制剂中,抗旱剂一号(FA)、翠竹牌生长素具有特别抗蒸腾特性,是降低作物无效蒸腾、提高作物水分利用效率的特殊制剂。水分蒸发抑制剂、保水剂(即吸水剂)、土壤保墒增温剂对于降低土面蒸发、保持土壤墒情具有特殊作用。钙 – 赤(Ca – GA)合剂、"ABT 生根粉"则对于拌(浸)种、促进根系生长发育具有特殊作用。

### (二)抑制无效蒸腾类节水措施

#### 1. 抗旱节水高产品种

所谓节水品种,是指具有御旱性强、高水分利用效率的节水高产稳产等综合性状的优良作物品种。我国近年来已培良推广的小麦抗旱节水高产品种有农大 146、平阳 27、轮抗 7、冀麦 29 号、陇鉴 196、陕旱 8675、秦麦 3 号、晋麦 47 等。玉米耐旱、节水高产品种有中单 2 号、中单 321、协单 969。各种新品种有一定的土壤、气候适宜条件,各地应因地制宜培育和引进适合当地条件的节水增产新品种。

#### 2. 科学施肥

大量试验研究表明,改善作物营养即科学施肥是提高农田水分利用效率的重要途径之一。科学施肥包括测土配方施肥(即平衡施肥)、水肥机制和施肥程序与管理(包括施肥时间、施肥部位、施肥器具、施肥管理及肥料处理技术)等。大量的试验表明,作物的气孔调节、作物的保水能力和膜透性、作物的光合作用等都与氮、磷、钾营养有紧密关系。在水分胁迫下,高氮、中氮叶片的气孔张开度和蒸腾速率反而低于低氮叶片。磷、钾也具有同样效应。

#### 3. 施用抗旱剂

抗旱剂一号(FA)是从腐殖酸中分离出黄腐酸制成的具有特殊功能的作物生理调节剂,目前已被广泛地应用于干旱地区,尤其在作物对水分敏感期亦即水分临界期使用有显著节水增产效果。

抗旱剂一号对作物生长的主要调节功能如下:

(1)缩小气孔张开度,抑制植物蒸腾。在水分临界期向小麦、玉米冠层喷洒被稀释后的 FA,小麦蒸腾强度在 9 d 内平均降低 14%,玉米蒸腾强度在 14 d 内平均降低 40%;喷施一次的有效期为 12 ~ 20 d,叶片含水率和叶水势均高于对照区。

(2)增加叶绿素含量,加强光合作用。喷施后 4 ~ 7 d 叶色明显变绿转浓,并一直延续到生长的中后期,有利于光合作用。与对照区比较,叶片光合效率提高 19% ~ 42%,叶片水分利用效率提高 75% ~ 98%,有机物向穗部转移数量比对照区高 20 倍。小麦穗粒数平均增加 1.6 ~ 3 粒,粒重增加 0.2 ~ 1.4 g;玉米穗粒数平均增加 12 ~ 59 粒,百粒重增加 17 ~ 57 g。

(3)提高根系活力,加快吸收运转。与对照区相比,次生根数明显增加,越冬期和返青期次生根比对照区分别多 1.2 条和 0.9 条,根长分别增长 4 cm 和 2.8 cm,晚播麦田效应更加显著。

(4)提高酶活性。与对照区比较,叶片硝酸还原酶活性提高 90% ~ 117%,根系过氧化酶活性提高 10.5% ~ 28%。

# 小　结

作物与水的关系十分密切。水在作物生理活动中起着非常重要的作用,作物体内水分有自由水和束缚水两种形式,两者含量及其比值变化能够反映作物代谢强度与抗逆性强弱。土壤—作物—大气连续体揭示了水分传输规律。

水分还具有改善作物生态环境的作用。灌溉与排水具有调节土壤肥力、改善农田小气候和提高农业技术措施的质量和效果等方面的效果,为作物生长发育创造了良好的环境条件。

农田水分消耗途径有作物蒸腾、棵间蒸发、深层渗漏和地表流失。作物蒸腾和棵间蒸发二者之和为作物需水量。影响作物需水量的因素主要有气候条件、作物特性、土壤性质和农业技术措施等。作物全生育期的需水量有一个由低到高再到低的变化过程。

通常把作物一生中对缺水最敏感、需水最迫切,以致对产量影响最大的生育期称为作物需水临界期或需水关键期。一定时期的有限水分亏缺,并不一定降低作物产量。在干旱缺水时,应优先灌溉处于需水临界期的作物,以充分发挥水的增产作用,收到更大的经济效益,这就是节水灌溉的生理基础。

发展节水农业不仅是缓解当前水资源紧缺的重大举措,也是我国农业可持续发展战略的必然选择。农业节水措施包括农学范畴的节水(作物生理、农田调控)、工程范畴的节水(灌溉工程、灌溉技术)和农业管理的节水(政策、法规与体制)三大方面。

# 复习思考题

1. 水在作物生理活动中有哪些作用?

2. 简述土壤—作物—大气连续体水分传输原理。

3. 为什么调水措施(灌溉与排水)能起到调气、调温和调肥的作用?

4. 农田水分消耗有哪些途径? 作物需水量包括哪些方面?

5. 某作物的蒸腾效率为 2.5 g/kg,其蒸腾系数为多少? 若该作物蒸腾耗水量为 5 400 $m^3/hm^2$,总干物质质量每公顷为多少千克?

6. 影响作物需水量的因素主要有哪些? 作物一生日需水量变化有什么规律?

7. 什么是作物需水临界期? 它对合理灌溉有何作用?

8. 什么是节水农业? 农艺节水有哪些措施?

# 第八章　主要作物的合理用水

**学习目标**

1. 了解小麦、水稻、玉米、棉花等农作物的生育特点。
2. 熟悉上述农作物的需水规律和合理用水技术。

## 第一节　小　麦

小麦是我国的主要粮食作物之一,分布遍及全国各地,其中主要是冬小麦,占全国小麦种植面积的80%以上,其余是春小麦。冬小麦一般以秦岭、淮河为界,以北称北方冬麦区,以南称南方冬麦区。下面主要介绍小麦的生育概况及其合理用水。

### 一、小麦生育概况

小麦从播种到成熟所经历的总天数叫全生育期。冬小麦于秋冬播种,第二年夏初前后收割,全生育期随地区条件及品种特性等不同而异:华南为120 d左右,华中为220 d左右,华北和西北为230~260 d。春小麦春种秋收,全生育期为110~130 d。生育期是指作物在生长过程中,外部形态特征呈现显著变化的几个时期。在冬小麦的一生中,按其形态特征的变化可分为发芽出苗、分蘖、越冬、返青起身、拔节、孕穗、抽穗开花和结实成熟等若干生育阶段。

#### (一)发芽出苗

小麦种子发芽要求一定的水分、温度和空气条件。一般当小麦种子吸水达本身质量的50%,在温度为2 ℃的条件下即能萌发。发芽最适温度为15~20 ℃,最适土壤湿度为田间持水量的70%~80%。土壤水分不足,影响出苗率和整齐度。氧气不足,不利于发芽。

当小麦芽鞘露出表土2 cm,并顶出第一片真叶时,就称为出苗。在土壤水分和温度适宜的条件下,从播种到出苗一般只需6~8 d。为使出苗迅速,并达到苗齐、苗匀、苗壮,在栽培管理方面要做好整地保墒、施足底肥、精选种子、适时播种和防治病虫等工作。

#### (二)分蘖越冬和返青起身

小麦茎基部分蘖节上的幼芽所形成的分枝称为分蘖。能抽穗结实的分蘖为有效分蘖,不能抽穗结实的分蘖为无效分蘖。一般麦苗出土后,经15~20 d,长到三片真叶时,就进入分蘖期。分蘖的数量和强弱,受品种、温度、水肥等条件影响很大。一般冬性品种比春性品种分蘖力强,而春性品种有效分蘖率较冬性品种高。适于分蘖的土壤水分为田间持水量的70%左右。土壤水分不足,则分蘖力显著下降,甚至不发生分蘖。

冬季日平均气温降到 3 ℃以下时,麦苗停止分蘖,生长缓慢,进入越冬期。越冬期小麦仍缓慢地进行光合作用,并将光合产物经过冻土层运至深层继续生长的根部,这就是所谓的"上闲下忙"和"冬前长身,冬季长根"。开春后,气温回升到 3 ℃以上时,麦苗逐渐恢复生长,当新生叶片露出叶鞘 1～2 cm 时,称为返青。返青后麦苗由匍匐状态转为直立状态,叫起身。返青起身期萌发大量新叶,并开始分蘖,但一般只有早春分蘖才有效。南方小麦一般没有明显的越冬期和返青期。为了给小麦高产打下良好的基础,生产上要求在小麦分蘖期有充足的水肥供应,搞好田间管理,促根促蘖促壮苗,保证小麦安全越冬和争取早返青。一般壮苗的标准是具有 5 叶 1 心,3～4 个分蘖(包括主茎),5～7 条次生根,生长健壮,叶宽色绿。

### (三)拔节孕穗

小麦起身后进入拔节孕穗期。当小麦茎基部第一节间露出地面伸长达 1.5 cm 左右,整个茎高达 5～7 cm 时,即为拔节。小麦拔节标志着根、茎、叶进入生长旺盛的时期,同时穗的发育也迅速进行,是营养生长和生殖生长同时并进的时期。当第三节间显著伸长,幼穗分化结束,麦穗体积增大,称为孕穗。在拔节孕穗期间,小麦茎节的伸长和幼穗分化同时进行,是一生中生长发育最旺盛的时期,也是决定穗子大小和粒数多少的关键时期。

一般当春季温度达 10 ℃以上,麦苗即开始拔节。拔节后的小麦生理活动显著加强,需要充足的水肥供应。此时合理灌水和追肥(特别是磷、钾肥),能促进幼穗分化,增加穗粒数,有利于增产。这时土壤水分应保持在田间持水量的 70%左右,若水分不足,结实率显著下降,对产量影响很大。

### (四)抽穗开花

麦穗从旗叶(最上一叶)的叶鞘中伸出叫抽穗。如果土壤水分不足,会延迟抽穗,降低结实率。小麦抽穗后 2～5 d 开始开花。小麦开花时最好是晴朗的天气,温度以 20 ℃左右为宜。空气湿度和土壤水分不足,会影响开花,造成缺粒。湿度过大时,花药遇水破裂,也会造成不孕。

### (五)结实成熟

小麦开花受精后,即开始形成籽粒,进入结实成熟期。小麦成熟期可分为乳熟、黄熟和完熟三个阶段:乳熟期籽粒胚乳呈乳状,用手指可以挤出有淀粉粒的乳白色浆液,这一时期茎叶光合作用合成的有机物质源源不断地向籽粒输送,又称为灌浆期;黄熟期麦粒开始变黄色,籽粒胚乳初呈黏滞状,后呈蜡状,故又称为蜡熟期;完熟期籽粒胚乳完全变硬,含水率下降到 14%～16%。土壤水分对籽粒形成和灌浆影响很大。初期水分不足,会抑制籽粒发育,甚至形成缺粒。在灌浆过程中缺少水分,会抑制营养物质向籽粒转运,造成秕粒。

根据小麦的生长发育规律,运用促控管理措施,使麦株保持有节奏地稳健生长,达到合理的群体指标,是夺取小麦高产优质的重要环节。各地冬小麦合理促控管理的主要经验是:

(1)冬前主攻壮苗,通过合理的灌水施肥等措施,促进麦苗健壮,形成较强大的根群和适当的分蘖。

(2)越冬后到拔节前一般不要施肥浇水,只需划锄保墒增温,抑制小蘖发生。

（3）拔节至抽穗期的主攻方向是调整群体结构，保证适当的成穗数和较多的可孕小穗小花数，必须充分供给所需的水肥。

（4）抽穗以后的主攻方向是力争粒饱粒重，关键是维持适宜的水分，以保持较大的功能叶面积系数和较强的光合能力，促进光合产物向籽粒运送，防止贪青晚熟和早衰青枯。对脱肥的麦田，在抽穗到乳熟期，可喷施 1% ~2% 的尿素或硫酸铵溶液，高产田加喷 3% 左右的过磷酸钙和 0.1% ~0.2% 的磷酸二氢钾，以补充小麦灌浆时对 N、P、K 的需要。

## 二、小麦的合理用水

### （一）小麦的需水规律

冬小麦每公顷生产 5 250 ~7 500 kg 的需水量为 3 000 ~5 250 m³。其需水规律是：播种期至返青期需水量较少，返青期以后需水量逐渐增多，拔节抽穗期至成熟期增加到最多，以后又有所减少（见表 8-1）。

表 8-1　冬小麦阶段需水量与需水强度

| 地点 | 项目 | 播种—越冬 | 越冬—返青 | 返青—拔节 | 拔节—抽穗 | 抽穗—成熟 | 全生育期 |
|---|---|---|---|---|---|---|---|
| 河北蒿城 | 阶段需水量(mm) | 97.26 | 17.30 | 30.44 | 97.10 | 215.67 | 457.77 |
| | 占总需水量(%) | 21.25 | 3.78 | 6.65 | 21.21 | 47.11 | 100.00 |
| | 需水强度(mm/d) | 2.11 | 0.17 | 0.89 | 3.68 | 5.33 | 1.82 |
| 山西夹马口 | 阶段需水量(mm) | 75.56 | 26.10 | 102.80 | 77.97 | 171.81 | 454.24 |
| | 占总需水量(%) | 16.63 | 5.75 | 22.63 | 17.16 | 37.83 | 100.00 |
| | 需水强度(mm/d) | 1.06 | 0.38 | 2.34 | 3.18 | 3.93 | 1.79 |
| 河南新乡 | 阶段需水量(mm) | 66.33 | 30.16 | 50.18 | 134.30 | 167.74 | 448.71 |
| | 占总需水量(%) | 14.78 | 6.72 | 11.19 | 29.93 | 37.38 | 100.00 |
| | 需水强度(mm/d) | 0.86 | 0.85 | 1.29 | 4.19 | 3.81 | 1.98 |
| 河南商丘 | 阶段需水量(mm) | 38.7 | 15.0 | 39.8 | 120.2 | 182.0 | 395.7 |
| | 占总需水量(%) | 9.78 | 3.79 | 10.06 | 30.38 | 45.99 | 100.00 |
| | 需水强度(mm/d) | 0.57 | 0.29 | 1.05 | 3.88 | 4.1 | 1.94 |

### （二）麦田的灌溉

我国幅员辽阔，各地气候条件、耕作制度和栽培技术不同，因而麦田对灌溉的要求很不一致。即使同一地区，也因水文年份不同而异。北方干旱、半干旱地区，麦季降水量一般远不能满足小麦正常发育和高产的要求，必须进行多次灌溉。如我国小麦集中产区的淮海平原，一般年份应于播种前、越冬前和拔节孕穗期间各灌一次水。长江上游大部分地区和华南部分地区，常出现冬春大旱，应根据墒情及时灌溉。下面简要介绍冬小麦各次灌水的作用和技术。

1. 底墒水（播前水）

"麦种泥窝窝，来年吃白馍"，"犁地出明条，冬前好麦苗"，"底墒是高产的命脉"。这些农谚说明小麦足墒下种是培育壮苗、奠定高产的基础。据调查，浇底墒水的比不浇的单株分蘖多，次生根多。据水利部、中国农业科学院农田灌溉研究所测定，足墒下种比欠墒下种增产 750 ~ 1 500 kg/hm²。

一般认为,当 0 ~ 10 cm 土层含水量低于田间持水量的 70%,而底墒又不好时,就应灌足底墒水。灌底墒水方法有三种:一是在前茬作物收割前灌水,前茬作物收割后立即整地播种,这样有利于争取时间,做到适时早播;二是在前茬作物收割后马上灌水,叫茬水,其特点是灌水量较少,而且灌水期较早,有利于冬性品种小麦适时早播;三是前茬作物收后先整地,再灌水,叫塌地水,在不误适时播种的情况下,有利于苗全苗壮,增产效果明显,但是灌水量较大。三种方法各地可根据具体情况合理运用。底墒水灌水定额一般为750 ~ 1 200 m³/hm²,要求灌匀灌透。另外,水源充足地区,可实行播前储水灌溉与秸秆覆盖相结合。储水灌溉指标是指播前使 1 m,甚至 2 m 深土层内的土壤含水量达到田间持水量的 80% 以上。这样可减少生长期灌水次数,进而缓解春旱争水的矛盾,有利于节水增产。

2. 冬灌(冻水或冬水)

冬灌是我国劳动人民在长期生产实践中创造的一项重要的增产措施。北方麦区合理灌冬水,不仅能促根增蘖,培育壮苗,而且能平抑地温,减轻冻害,有利于麦苗安全越冬。冬灌后的麦田经冻融交替作用,可使表土疏松,结构改善。冬灌还能蓄水保墒,防御春旱,一部分水可留到来年春季,满足小麦返青和起身的需要,从而起到冬水春用,减轻春天灌水与春播作物争水的矛盾。冬灌还可以消减土壤内的一些越冬害虫,减轻病虫危害。根据各地试验资料,冬灌小麦比未冬灌的可增产 15% ~ 20%,增产效果显著。

需要注意的是,要不要冬灌,冬灌技术如何掌握,必须根据当地的墒情、苗情和气温情况而定。生产实践和科学研究表明,当土壤含水量低于田间持水量的 70%,麦苗具有1 ~ 2 个分蘖时,在夜冻昼消(日平均气温约 3 ℃)时进行最好。如果土壤水分充足,麦苗生长旺盛,或者气温过低,则不要进行冬灌。在冬灌任务大的灌区,冬灌应适当提前开始时间,可掌握宁早勿晚的原则,一定要在夜冻昼消前灌完,这样可以避免灌后受寒潮侵袭而引起的冻害,同时有利于冬前施肥、中耕保墒和除草,培育壮苗。各地冬灌的时间均应根据各地的具体情况因地制宜地确定。冬灌水量一般为 450 ~ 900 m³/hm²。

3. 返青起身水

冬小麦返青期生长逐步加快,适当浇返青水,有促进返青、巩固冬前分蘖、争取部分早春分蘖的作用。返青水究竟要不要浇,早浇还是迟浇,主要根据土壤的墒情、苗情和土温情况而定。对土壤水分低于田间持水量 70% 的麦田,麦苗长势差,分蘖少,群体达不到合理的指标,一般应在冻土层化透,地表 5 cm 平均地温稳定在 5 ℃ 以上时,开始结合追肥灌返青水。若灌水过早,会降低地温,反而推迟返青,有时还会引起冻害,尤其是晚茬弱苗和低洼地更应注意。对冬灌过的或虽未冬灌,但早春雨雪较多,土壤不缺墒,冬前长势过旺,群体过大的麦田,都不宜浇返青水,而要控制土壤水分在田间持水量的 70% 以下,以防小麦倒伏。

小麦从起身开始转入旺盛生长时期,分蘖开始两极分化,植株的生长发育中心转到以茎穗为主,这段时间是决定每亩穗数和穗粒数的重要时期。若遇天旱缺水,适当灌起身水,一般不增加分蘖数,但能促进大分蘖成穗,提高成穗率。对低肥力地和有脱肥趋势的麦田,缺水时应结合追肥早灌起身水。对高肥力和有旺长趋势的麦田,应不浇或迟浇起身水,以免中、上部叶片过大,基部节间太长,过早封垄,而造成后期倒伏。返青起身水的灌水定额宜小,一般为 450 ~ 675 $m^3/hm^2$。

### 4. 拔节孕穗水

拔节孕穗期是小麦营养生长和生殖生长同时并进时期,也是小麦一生中生长最快、需水量最大的时期,穗、茎、叶等器官对水分要求迫切,反应十分敏感,是增穗增粒的关键时期。北方冬麦区,拔节期正是天旱缺水季节,而拔节期的灌溉就成为小麦增产的一次关键水。一般当土壤水分下降到田间持水量的 70% 以下,就应考虑灌拔节水,拔节水一般应在拔节中期(即"一节定,二节伸,三节露")进行,拔节初期保持水分略少的状态,控制麦茎基部第一、第二节长度,并使秆壁增厚,防止后期倒伏,同时要注意苗情和群体结构。通常是壮苗宜晚浇,弱苗应早浇,或掌握"群体大、中、小,灌水晚、中、早"的原则。

拔节孕穗水的灌水定额,一般为 600 $m^3/hm^2$ 左右,应严格掌握。如果肥水过多,易引起徒长,群体过大,通风透光不良,造成倒伏减产。

### 5. 抽穗扬花水

小麦在抽穗开花时,植株仍在继续生长,并且此时气温高,往往多风,天旱时应适当灌水,维持土壤含水量为田间持水量的 75% 左右,大气的最适宜相对湿度为 70% ~ 80%,利于开花和授粉,增加穗粒数。这一时期小麦穗头轻,灌水后不易引起倒伏,且能保持较多的水分到灌浆期,当灌浆期遇刮风天气时,还可推迟浇灌浆水。灌水定额一般为 600 ~ 750 $m^3/hm^2$。

### 6. 灌浆麦黄水

灌浆成熟期的主攻目标是籽饱粒重。"灌浆有墒,粒饱穗方"的农谚,也说明了灌这一次水的重要作用。北方冬麦区,灌浆期常比较干旱,有些地方还有干热风危害,因此及时浇好灌浆水,不仅能满足小麦生理需要,而且可调节株间温、湿度,防御干热风危害,有利于小麦顺利灌浆,是夺取小麦高产的重要保证。根据水利部、中国农业科学院农田灌溉研究所研究,冬小麦灌浆过程表现出慢—快—慢的节奏,灌浆高峰期一般在开花后的 12 ~ 20 d。因此,灌浆水应在灌浆初期,即开花后 10 d 左右进行。

麦黄水的主要作用是增加粒重,同时也能减轻后期干热风危害,并有利于套种玉米的出苗。因此,在有干热风袭击和土壤水分严重亏缺的条件下,应在叶片变黄时灌麦黄水,但施肥过多的高产麦田,一般不要灌麦黄水,以免造成贪青晚熟。

灌浆水和麦黄水的灌水定额不宜大,一般为 450 ~ 600 $m^3/hm^2$。此时小麦头重脚轻,如果灌水不当,易造成倒伏减产,故应特别注意灌水时间和灌水量。灌水时间应争取在土壤含水量不太低和无 4 级以上大风时,要求快灌、分次灌,密切注意天气变化,做到无风快灌,有风不灌,雨前停灌,避免灌后遇风雨而倒伏减产。

总之,麦田的灌水次数、时间和水量,除应根据小麦各生育阶段对水分的需求外,还应根据当地雨情、墒情和苗情来确定。在水源不足的情况下,应保证关键时期的灌水。从节水灌溉角度考虑,冬小麦应主要根据"争苗、争穗、争粒"的原则,确保播前水、拔节水和灌浆水。

麦田灌水方法多采用畦灌、沟灌。实践证明,小畦灌比大畦灌好。有条件的地区可采用喷灌、微灌等节水灌溉措施。

在我国南方麦区的小麦生长中、后期,往往水分过多,应注意搞好麦田排水。

# 第二节 水 稻

水稻是我国主要的粮食作物,现有种植面积3 320万 hm²,约占全国粮食作物播种面积的30%,产量占粮食总产量的44%。因此,水稻生产在我国粮食生产中占有重要的地位。

我国水稻分布很广,但90%以上集中在秦岭、淮河以南。其中,华南各省区气温较高,生长期长,年降雨量1 500 mm以上,多种植双季稻,也有三季稻的栽培。长江流域各省的气候和雨量均较适宜,双季稻和单季稻均有。秦岭、淮河以北的广大地区,气温较低,无霜期较短,水资源不足,多种植单季稻,稻田所占面积小,但发展潜力大。

## 一、水稻的生育概况

水稻从种子发芽到成熟的一生中,一般以幼穗开始分化为界,分为营养生长和生殖生长两个时期。营养生长期包括幼苗期(秧苗期)、移栽返青期、分蘖期和拔节期等生育阶段;生殖生长期包括孕穗期、抽穗开花期和结实成熟期等生育阶段。

### (一)发芽出苗期

从稻谷吸水膨胀到出现第一片完全叶为发芽出苗期。稻谷发芽要求一定的温度、水分和空气。温度在20~25 ℃,种子吸水达本身质量的40%以上时,最适于萌发。氧气不足,不利于发根。

### (二)幼苗期

从出现第一片完全叶到起秧移栽为幼苗期或称秧苗期。其中,从第一片完全叶到三叶期,秧苗抗寒力弱而怕寒冷,早稻秧苗应特别注意用合理灌排水来调节温度,以防幼苗受冻和烂秧。一般在出苗后至二叶期的日最低温度低于4 ℃,三叶期的日最低温度低于7 ℃,甚至5 ℃,即需灌水护秧。在其他正常情况下,三叶期前宜湿润或浅水,以后随着秧苗的生长而逐渐加深水层。此外,三叶期是秧苗的断乳期,三叶期以前,秧苗生长靠自身的胚乳供应养分;三叶期以后,由于胚乳内的养分消耗殆尽,秧苗需要通过根系从土壤中吸收养分。因此,在三叶期必须注意搞好水肥供应,保证秧苗所需营养。农谚说:"秧好半年稻"、"秧壮三分收"是有道理的。

### (三)移栽返青期

秧苗从秧田拔出移栽到大田,因根系和秧叶受到一定程度的损伤,吸水吸肥能力减弱,叶片呈现一定程度的萎黄,一般需经六七天甚至十多天,才能长出新根和新叶而恢复青绿色,这一时期叫返青期。高产水稻要求尽量缩短返青期。为此,必须培育壮秧,提高大田整地质量和栽秧质量,在拔秧前要追好"送嫁肥",栽秧后要注意查苗补穴,保证全苗,稻田要维持合适的水层,这样才有利于促进早返青,早分蘖。

### (四)分蘖期

从分蘖到拔节称为分蘖期。直播水稻在出现第四片完全叶时开始分蘖,育秧移栽的水稻多在返青后才开始分蘖。分蘖期是进行营养生长、决定有效穗数、搭好丰产架子的关键时期。生产上必须采取一切措施,促进分蘖早生快发,并抑制后期无效分蘖的发生,以提高成穗率。

水稻分蘖的最适温度是30~32 ℃,低于20 ℃和高于37 ℃都对分蘖不利。光照弱,则同化物质少,分蘖发生少而迟缓。据测定,当光照减弱到自然光照度的50%时,分蘖就不能发生。如阴天多雨,过于密植,通风透光不良,都会使分蘖受阻。浅水勤灌或湿润多肥,能促进分蘖发生。此外,栽秧过深,会使分蘖节位上移(高位分蘖),分蘖时间推迟,分蘖少而瘦弱。

### (五)拔节孕穗期

分蘖后期稻茎基部逐渐由扁平状变成圆筒状,节间随之伸长,称为拔节。同时,茎顶端生长点细胞分裂,进行穗的分化发育,逐渐孕育成稻穗,使上部叶鞘膨大,呈怀胎状,称为孕穗。从拔节至抽穗为拔节孕穗期。

拔节孕穗期是营养生长和生殖生长同时并进的时期,植株进入旺盛生长时期,对水分、养分的吸收以及光合作用等都进入最高峰,这个时期是决定茎秆壮弱、穗粒数多少的关键时期。拔节孕穗期对光、热、水、肥、气等环境条件极为敏感,特别是孕穗期若遇干旱,会造成颖花大量退化,产生大批不孕花,导致严重减产。如果土壤长期淹水不排,通气性差,也会使根系活动受阻,对孕穗不利。如果长期阴雨,或植株封行过早,群体郁闭过度,光照削弱,对幼穗分化很不利。稻穗分化发育的最适温度为25~30 ℃。有一些研究者认为,昼温35 ℃左右、夜温25 ℃左右,最有利于形成大穗。若低于20 ℃(粳稻19 ℃、籼稻21 ℃)或高于40 ℃,都不利于稻穗分化。稻穗分化需要充足的养分,养分不足时,穗小粒少,不实粒增加。在氮素营养充足的情况下,孕穗期增施磷、钾肥,对增加颖花数、减少不实粒有明显效果。因此,加强拔节孕穗期的田间管理,为稻穗发育创造良好的环境条件,才能保证壮秆大穗。

### (六)抽穗开花期

当幼穗分化发育完成后,稻穗从剑叶(最上一片叶)的叶鞘中伸出,称为抽穗。一般水稻抽穗后1~2 d就开始开花,开花最盛时期:早、中稻是抽穗后2~3 d,晚稻是抽穗后4~5 d,全穗的小穗花约7 d开完。开花最适温度为30 ℃左右,如果低于20 ℃或高于40 ℃,均不利于开花。抽穗开花期除要求一定的水分外,还要求较高的大气湿度。适宜的相对湿度是70%~80%,湿度过低,抽穗困难,花药易干枯,花丝不能伸长,影响授粉,产生空壳。适宜开花的最好天气是晴朗有微风的天气。阴雨、低温、干旱和大风,均不能正常开花授粉,而使空壳增多。农谚说"稻怕午时风",说明了大风对抽穗开花是极不利的。

### (七)结实成熟期

水稻开花受精后进入结实成熟期,即胚乳和胚开始发育,干物质迅速增加,米粒逐渐膨大至完全成熟。一般从抽穗到成熟需30~45 d。根据谷粒外观和内容物的变化,成熟期一般分为乳熟、蜡熟和完熟三个时期。水稻乳熟期仍要求充足的水分供应,若水分不足,叶片会早衰黄落,减少养分制造向籽粒输送,造成灌浆不饱,秕粒增多而减产。蜡熟期需水减少,可逐渐排水落干,以利于收割。一般水稻在蜡熟末期收割,过晚会造成落粒减产和米质降低。

结实成熟期的适宜温度为25~30 ℃。光照充足,昼夜温差大,有利于干物质的积累,使籽粒饱满,腹白少,米质好。我国北方水稻的米质一般优于南方,这与成熟过程的昼夜温差大有关。

## 二、水稻的合理用水

### (一)水稻的需水特性

水稻属湿生类型作物,在生理上具有一些特殊的性质:①水稻吸水力较弱,而细胞原生质较少,所含水分少,因而耐旱能力差;②植株内通气组织较发达,且根的外皮层有高度木栓化结构,因而其耐湿能力强。在稻田保持一定厚度的水层对满足水稻生理需水和生态需水有着重要的作用。如果是旱直播水稻,则不需要保持水层。水稻的这种需水特性是对其进行合理灌溉的重要依据。

### (二)水稻的需水量和需水规律

水稻的需水量随地区、品种和水文年份而异,南方的双季稻,每季需水量为 3 000 ~ 6 000 $m^3/hm^2$、中稻为 3 000 ~ 7 500 $m^3/hm^2$,一季晚稻为 6 000 ~ 9 000 $m^3/hm^2$。北方一般种单季稻,生长期长,蒸发量大,渗漏量也大,需水量多在 10 500 $m^3/hm^2$ 以上。

水稻在返青期、拔节期、抽穗期到乳熟前期,对水分反应敏感,其中孕穗期和抽穗期是水稻一生中的需水高峰期,也是需水临界期。

### (三)稻田的灌排技术

1. 秧田的灌排技术

湿润秧田是水稻秧田灌溉的主要形式,其要点是在播种后、扎根前保持秧畦湿润,但没有水层,因为此时水稻通气组织尚未形成,最怕土壤缺氧,湿润通气可促使秧苗早扎根,防止倒芽烂秧。扎根后至三叶期秧苗抗寒力弱,通气组织还不健全,既要注意以水防寒,又要注意协调水、气矛盾,因而以水层和湿润结合为好。一般在低温天气可日排夜灌,高温天气可日灌夜排。三叶期后通气组织已健全,需水需肥逐渐增多,一般应维持一定水层,以促生长,到移栽前加深水层以利于起秧。

2. 水稻大田各时期的灌排技术

1)泡田期的灌排技术

水稻大田在插秧前要结合整地灌水泡田。一般可在耕地后灌浅水泡田,耙田时泥块(犁垡)半水半露,耙后保持湿润,以吸热增温。增温后维持 1 ~ 2 cm 的浅水层至插秧。这样既节省灌水量,又能促进插秧后禾苗早返青。

2)插秧返青期的灌排技术

为保证插秧质量,插秧时稻田水层宜浅,早、中稻秧苗较小,稻田有 1 ~ 2 cm 的薄水层即可。晚稻插秧时秧苗大,水层相应要深一些。秧苗在移栽过程中由于根系受损伤,吸水力弱,而蒸腾失水多,栽后常呈现萎黄,故栽后应维持 3 ~ 5 cm 水层(早、中稻可较浅,晚稻应较深),以利于秧苗成活返青。

3)分蘖期的灌排技术

分蘖前期要求分蘖早生快发,应结合中耕除草和施肥,灌以 2 ~ 3 cm 的浅水层,既满足生理需水,又利于阳光直射稻苗基部,提高土温,促进根系吸收养分,为分蘖提供有利条件。分蘖到足够苗数时,应及时排水晒田,以控制无效分蘖,并改善土壤理化性状和通风透光条件,促进稻株生长。

4)拔节孕穗期的灌排技术

此时期是水稻的需水临界期,应维持适当水层,以满足生理需水和生态需水。最好每次灌至4~5 cm深,等自然落干后再灌。如果长期深水,会使土壤还原作用加强,影响根系生长,并易引起病虫害和倒伏。

5)抽穗开花期的灌排技术

此时期宜维持2~5 cm的水层,可采用活水浅水勤灌,保持较高的土壤和空气湿度,以利于抽穗开花和受精,降低空壳率。

6)结实成熟期的灌排技术

籽粒灌浆乳熟期间以保持稻田湿润状态为宜。就是在灌一次水后,自然落干1~2 d,再灌下一次水。这样土壤中水、气协调,可达到养根保叶争粒重的效果。进入蜡熟期后应适时断水,以促进成熟。

**(四)水稻节水高产灌溉技术**

目前,水稻的灌溉技术已由格田灌溉形式向浅水间歇灌水形式演变。以土壤水分不低于生理需水为下限,向节水型灌溉方向发展。其节水高产灌溉有"薄、浅、湿、晒"模式,"间歇淹水"模式和"半旱栽培"模式。

1."薄、浅、湿、晒"模式

广西推广的"薄、浅、湿、晒"灌溉,田间水分控制标准是:

(1)薄水插秧、浅水返青,插秧时田间保持1.5~2 cm的薄水层,插秧后田间保持2~4 cm的浅水层。

(2)分蘖前期保持湿润,每3~5 d灌一次1 cm以下的薄水,让土壤水分处于饱和状态。

(3)分蘖后期晒田。

(4)拔节孕穗、抽穗扬花期要薄水,拔节孕穗期保持1~2 cm薄水层,抽穗扬花期保持0.5~1.5 cm薄水层。

(5)乳熟期湿润,隔3~5 d灌水约1 cm。

(6)黄熟期先湿润后落干,即水稻穗部勾头前湿润,勾头后自然落干。

北方地区(辽宁等省)所采用浅湿灌溉的田间水分控制标准是:

(1)插秧和返青期浅水,保持3~5 cm浅水层。

(2)分蘖前期、孕穗期、抽穗开花期浅湿交替,每次灌水3~5 cm,田面落干至无水层时再灌水。

(3)分蘖后期晒田。

(4)乳熟期浅湿、干晒交替,灌水后水深为1~2 cm,至土壤含水率降至田间持水量的80%左右再灌水。

(5)黄熟期停水,自然落干。

2."间歇淹水"模式

我国北方采用的这种模式,其水分控制方式为:返青期保持2~6 cm水层,分蘖后期晒田,黄熟落干,其余时间采用浅水层、干露(无水层)相间的灌溉方式。

3.“半旱栽培”模式

这是近年来通过对水稻需水规律和节水高产机理等方面较系统的试验研究提出的一种高效节水灌溉模式。这一模式与前述两类模式有较大差别，除在返青期和分蘖前期建立水层外，其余时间则不建立水层。如山东济宁的“控制灌溉”，其稻田水分控制方式为：返青期保持 0.5～3 cm 的薄水层，以后各生育期则不建立水层，土壤湿度上限为饱和含水率，下限为饱和含水率的 60%～70%，黄熟期断水。广西玉林的“水插旱管”的水分控制标准为：移栽时田面水层为 0.5～1.5 cm，返青期为 2～4 cm，分蘖前期为 0～3 cm，分蘖后期晒田，土壤含水率为饱和含水率的 70%～100%；拔节孕穗期、抽穗开花期无水层，土壤含水率为饱和含水率的 90%～100%；乳熟期无水层，土壤含水率为饱和含水率的 80%～100%；黄熟前期土壤含水率为饱和含水率的 70%～80%；后期断水。这类灌溉模式的节水效果显著，对增产也有利。

# 第三节  玉  米

玉米是高产粮食作物之一，总产量仅次于水稻、小麦，居第三位。栽培面积以河北、四川、山东、河南、黑龙江等省最大，是我国东北、华北和西南地区的主要粮食作物。

玉米营养丰富，用途广泛，适应性强，增产潜力大。因此，努力提高玉米的生产水平，对增产粮食和工业原料，促进畜牧业发展，都具有很重要的意义。

## 一、玉米的生育概况

玉米属禾本科植物，但与禾本科的水稻、小麦相比，株高叶大，根系发达，雌雄同株异花，生长发育较快，全生育期也较短。其全生育期长短依品种和栽培地区的气候条件而异，一般早熟品种为 70～100 d，中熟品种为 100～120 d，晚熟品种为 120～150 d。玉米全生育期可划分为以下三个生育阶段。

### （一）苗期阶段（出苗期—拔节期）

玉米从播种至拔节时期，称为前期，25～40 d，是以生根、长叶和分化茎节为主的营养生长阶段。本阶段的生育特点是以长根为主，长叶为辅。因此，田间管理的中心任务是促进根系发育，适当控制地上部分生长，培育壮苗，达到苗全、苗匀、苗齐、苗壮的“四苗”要求。为培育壮苗，应进行“蹲苗”。“蹲苗”是我国劳动人民在长期的生产实践中，根据玉米的生长发育规律，用人为的方法来控上促下，是培育壮苗的一项有效措施。它包括控制灌水、多次中耕和扒土晒根。采用这些方法，促进玉米根系向纵深发展，扩大根系吸收养分和水分的范围，并且使植株茎部节间敦实粗壮，增强后期抗旱和抗倒伏能力，为玉米高产打下良好基础。“蹲苗”的原则是“蹲黑不蹲黄，蹲肥不蹲瘦，蹲湿不蹲干”，即地肥、苗旺、墒足的，可以“蹲苗”；反之则不“蹲苗”。“蹲苗”一般于拔节前结束。

### （二）穗期阶段（拔节期—抽雄期）

玉米从拔节至抽雄的时期，又叫中期，30～35 d。本阶段的生育特点是：营养生长和生殖生长同时并进，即叶片增大、茎节伸长等营养器官旺盛生长和雌雄穗等生殖器官迅速分化与形成。这一时期是玉米一生中生长发育最旺盛的时期，也是丰产栽培的关键时期。因此，在穗期加强以水肥为中心的田间管理,是培育壮株、争取大穗、夺取高产的主要途径。

**(三)花粒期阶段(抽雄期—成熟期)**

玉米从抽雄至成熟的时期,称为后期,45～50 d。本阶段的生育特点是:营养生长基本停止,进入以开花结实为中心的生殖生长阶段。因此,这一阶段田间管理的中心任务就是保护叶片不损伤、不早衰,争取粒多、粒重,达到丰产。

## 二、玉米的合理用水

**(一)玉米的需水规律**

玉米产量高,对水的利用率也较高,全生育期的需水量随地区和品种而异。春玉米为4 350～6 000 m³/hm²,夏玉米为3 300～4 500 m³/hm²。玉米在发芽和苗期需水量并不高,耐干旱。拔节以后生长加快,日需水量增加,抽雄期日需水量达到高峰,抽雄前10 d到始花后20 d是玉米的需水临界期,对水分十分敏感,拔节期至抽雄期需水量约占总需水量的50%。玉米生长后期(灌浆以后)日需水量逐渐减少(见表8-2)。

表8-2　夏玉米阶段需水量与需水强度

| 地点 | 项目 | 苗期 | 拔节期 | 抽雄期 | 灌浆期 | 全生育期 |
|------|------|------|--------|--------|--------|----------|
| 山东石马 | 阶段需水量(mm) | 76.74 | 96.20 | 90.82 | 80.50 | 344.26 |
| | 占总需水量(%) | 22.29 | 27.94 | 26.38 | 23.39 | 100.00 |
| | 需水强度(mm/d) | 2.42 | 4.81 | 4.78 | 3.22 | 3.59 |
| 河北临西 | 阶段需水量(mm) | 94.65 | 98.61 | 39.13 | 90.30 | 322.69 |
| | 占总需水量(%) | 29.33 | 30.56 | 12.13 | 27.98 | 100.00 |
| | 需水强度(mm/d) | 3.16 | 3.40 | 3.00 | 3.22 | 3.16 |
| 山西小樊 | 阶段需水量(mm) | 76.80 | 116.60 | 93.00 | 31.00 | 317.40 |
| | 占总需水量(%) | 24.20 | 36.73 | 29.30 | 9.77 | 100.00 |
| | 需水强度(mm/d) | 2.56 | 3.89 | 3.19 | 1.55 | 2.90 |
| 河南新乡 | 阶段需水量(mm) | 54.11 | 95.16 | 52.80 | 82.87 | 284.94 |
| | 占总需水量(%) | 18.99 | 33.40 | 18.53 | 29.08 | 100.00 |
| | 需水强度(mm/d) | 2.22 | 3.09 | 3.47 | 2.52 | 2.82 |
| 河南商丘 | 阶段需水量(mm) | 115.0 | 63.9 | 116.2 | 128.4 | 423.50 |
| | 占总需水量(%) | 27.15 | 15.09 | 27.44 | 30.32 | 100.00 |
| | 需水强度(mm/d) | 3.03 | 3.36 | 6.84 | 4.76 | 4.19 |

**(二)玉米灌溉技术**

1. 播前储水灌溉(底墒水)

玉米种子发芽出苗的适宜土壤含水量为田间持水量的60%～70%,在此范围以下者都应进行播前灌水。

春玉米播前灌水,一些地方可推行冬前灌,即储水灌溉。冬前灌水有利于缓解不同作物在春季争水的矛盾,同时冬季气温低,土壤水分蒸发少,大定额灌水后水便于储存在待播田块的下层土壤中,有利于开春后适时播种,此外还能冻死某些害虫。"冬灌半年湿"正说明冬前灌塌墒水对春玉米是一种较好的灌水措施。冬灌水量一般为 900 ~ 1 200 m³/hm²。没有条件冬灌的地方,应在早春解冻时及早进行春灌,灌水量以 450 ~ 750 m³/hm² 为宜。

夏玉米的前茬多为小麦,而小麦收获时土壤含水量往往很低,为保证玉米苗全苗壮,最好都要灌水。灌水方法有三种:一是在麦收前 10 d 左右灌一次"麦黄水",既可增加小麦粒重,又可在麦收后抢墒早播玉米,随收随播。灌水定额为 600 m³/hm² 左右,注意不能大水漫灌,防止小麦倒伏。二是麦收后灌茬水,灌水定额为 400 ~ 600 m³/hm²,以防积水或浇后遇雨,延迟播种。三是在麦收后,先整地再开沟,进行沟浇、穴灌或喷灌,灌水定额在 225 m³/hm² 左右即可。

2. 苗期水

灌过播前水的田块,苗期一般不再灌水,以便使玉米"蹲苗",经受抗旱锻炼。此时的土壤含水量以保持在田间持水量的 55% ~ 60% 为宜。

3. 拔节孕穗水

拔节孕穗期植株生长加快,雌、雄幼穗也迅速分化发育,此时气温不断升高,叶面蒸腾量大,要求有充足的水分供应。如果干旱缺水,则植株生长不良,叶片萎蔫,并影响幼穗分化发育,延迟抽穗期,甚至雌穗不能正常发育或不能形成果穗,空秆增多,雄穗则不能抽出而成"掐脖旱",造成严重减产。如能保持土壤水分为田间持水量的 70% 左右,既有利于根系发育,茎秆粗壮,满足玉米拔节对水分的需要,又有利于穗的分化发育而形成大穗。根据各地试验资料,合理灌拔节孕穗水可增产 18% ~ 40%。但是拔节孕穗水也必须防止水量过大而引起植株徒长和倒伏。灌水定额应控制在 600 m³/hm² 左右,宜隔沟先灌一半水,第二天再换沟灌另一半水。灌前要结合施攻穗肥,灌后要结合中耕松土,消灭田间杂草,破除土壤板结,使水、肥、气、热协调。

4. 抽穗开花水

玉米抽穗开花日耗水量最大,同时也是需水临界期的重要阶段。此时期土壤含水量保持在田间持水量的 70% ~ 80%,空气相对湿度为 70% ~ 90%,对抽穗开花和受精最为适宜。农谚有"开花不灌,减产一半"的说法,可见此时期灌水的重要性。如果水分不足,空气相对湿度低于 30%,会使生育受到严重抑制,表现在雌穗花丝抽出的时间推迟,不孕花粉量增多。如果干旱与高温(38 ℃以上)同时发生,不仅会造成雌雄花开花期脱节,而且花粉和花丝的寿命缩短,花粉生活力降低,花丝也容易枯萎,影响开花受精的正常进行,常造成严重的秃顶缺粒现象。这时期如果缺雨,天气大旱,一般每 5 ~ 6 d 就要浇一次水,要连浇二三水,才能满足抽穗开花和受精的需要。据山西省农业科学院的试验研究结果,抽穗期灌水的果穗秃顶仅为 0.6 cm,比不灌的果穗秃顶长度减少 1/2,产量增加 32.1%。抽穗开花水的灌水定额一般为 600 ~ 750 m³/hm²。

5. 灌浆成熟水

玉米授粉后的乳熟期和蜡熟期,是籽粒形成和决定粒重的关键时期。乳熟期玉米植株的光合作用和蒸腾作用仍较强,茎叶中合成的营养物质大量向果穗运送。适宜的水分条件,一般应保持在田间持水量的75%左右,能延长和增强绿叶的光合作用,促进灌浆饱满;反之,若土壤水分不足,会使叶片过早衰老枯黄,秕粒和秃顶长度增加,产量降低。所谓"春旱不算旱,秋旱减一半"的农谚,说明玉米苗期有一定的耐旱性,而开花灌浆阶段干旱则减产严重。玉米进入蜡熟期后,对水分要求显著减少。但若遇干旱,也应浇好"白皮水"(苞叶刚发黄时灌水),防止果穗早枯和下垂,使之正常成熟,籽粒饱满。

玉米的生长发育虽然需水较多,但也怕水分过多。当土壤含水量达到田间持水量的80%以上时,对玉米生育不利,应注意在雨季做好排水工作。

# 第四节　棉　花

棉花是我国的主要经济作物。其产品中的皮棉是重要的纺织工业原料,棉籽是很好的工业用油和食用油的原料,短绒、棉籽壳、榨油后的棉饼及棉秆皮、棉秆等,都有广泛的用途。

我国除西藏、青海、内蒙古、黑龙江四省(区)外,都有棉花栽培。全国大致以秦岭、伏牛山、淮河及苏北灌溉总渠为界,分为南北两大棉区。南方棉区无霜期较长,温度较高,雨量较丰富,多在越冬作物后播种棉花,一年两熟,其中长江流域棉区的棉田面积占全国棉田面积的45%。北方棉区无霜期短,温度较低,多为一年一熟,其中黄河流域棉区的面积占全国的50%。此外,北部特早熟棉区和西北内陆棉区的棉田面积只占全国的5%左右。

## 一、棉花的生育概况

### (一)播种出苗期

从播种经发芽到出苗的时期,称为萌发期(或播种出苗期)。萌发期的长短,主要取决于温度、水分和土壤表层的松紧状况。一般发芽最低温度为 10～12 ℃。据试验,在10～12 ℃条件下要30多 d 才能出苗,15 ℃时14 d 出苗,20 ℃时7～10 d 即可出苗。棉籽发芽要吸收相当于本身重80%以上的水分。适宜发芽的土壤水分为田间持水量的70%～80%。疏松的表土,既有利于提供种子发芽所需的氧气,又有利于双子叶幼苗出土。因此,为使棉花发芽出苗良好,达到早、齐、全、匀、壮的要求,除精选良种和对种子进行处理外,应做好精细整地和适时播种,并提高播种质量。北方棉区还须做好播前储灌。

### (二)苗期

棉苗长出后,两片子叶中间的幼茎顶芽向上生长,逐渐长出真叶。真叶是由棉花主茎节上长出的叶子,由托叶、叶柄和叶片三部分组成。一般地,当长出 3～4 片真叶时,叶腋间开始长出枝条。先长出的几个枝条为叶枝,以后在上面的叶腋间长出果枝。叶枝是由叶腋间的正芽发育长成的,与主茎成锐角向上延伸,多在棉株下部 1～7 节发生。当雨水过多、排水不良或灌水施肥过多时,上部正芽也会发育成叶枝。由于叶枝不能直接开花结铃,消耗养分、水分较多,故生产上通常在整枝时将叶枝去掉,并采用合理措施,争取少发叶枝。果枝是由叶腋间的旁芽发育而成的。果节上能直接长出花蕾并结铃。长成的果枝呈曲折状,与主茎成钝角向外生长。

当棉苗长出 6~9 片真叶时,第一枝就开始出现宽约 3 mm 大小的三角形花蕾,称为现蕾。从出苗到现蕾的时期,称为苗期。北方棉区大都是 4 月下旬至 5 月初出苗,6 月上中旬现蕾。

棉花苗期以长根、茎、叶等营养器官为主,并开始花芽分化。从子叶期到三叶期,根系很快向下生长,到现蕾时主根下扎深度可达 70~80 cm,相当于苗高的 4~5 倍。在此期间,如果土壤疏松、地温高、水肥适宜,棉根就长得快、扎得深、分布广。地上部分也相应地长得秆粗脚矮苗发横。如果水肥过多,则往往导致根系分布浅,侧根细弱,棉苗长得高而不横,旺而不壮。若过分缺水缺肥,则上部侧根往往过早枯萎,新生根的滋长也受抑制,棉苗长得矮小瘦弱。

高产棉花要求苗期壮苗早发,需采取以促为主的早管促早发的技术措施,如早间苗、补苗、定苗、早中耕松土、早防治病虫及保持土壤适宜湿度等,为蕾期稳长打好基础。

### (三)蕾期

棉株现蕾的顺序是纵向由下向上,横向由内向外,以第一果枝为中心,呈螺旋形由内圈向外圈依次现蕾。同一果枝上相邻的两个节位,现蕾的时间相差 6~7 d;上下相邻的两个果枝上的同一节位,现蕾时间相差 2~3 d。开花的顺序和现蕾一样。花蕾一般在 8:00~10:00 开始开放,到 15:00~16:00 以后萎缩。

棉花从现蕾到开花的时期称为蕾期。北方棉区一般直播棉在 6 月上中旬现蕾,6 月底或 7 月上旬开花。蕾期的长短,依品种、气候条件和管理技术的不同而有差异,一般为 25 d 左右,是营养生长与生殖生长同时并进的主要阶段,但仍以营养生长为主,并延续到开花盛期。这一时期常表现出稳长增蕾与疯长或生长停滞的矛盾,应根据气候和棉花生长情况,轻浇蕾水、稳施蕾肥、中耕培土、及时整枝和彻底治虫等。做到以控为主,促控结合,使果枝节位低,早现蕾,养分较早地向下部生殖器官输送,而不致使茎叶生长过旺,以达到稳长增蕾。

### (四)花铃期

从开花到吐絮的时期称为花铃期。棉花开花授粉后逐渐形成棉铃,经过 25~30 d,棉铃和棉籽即已定型,棉纤维也长到应有的长度,以后直到成熟吐絮。花铃期一般从 7 月上旬到 8 月下旬,有 50~60 d。

花铃期是棉花一生中生长发育最旺盛的时期,营养生长和生殖生长仍同时进行,有机营养的分配从以营养器官为主转入以生殖器官为主,常出现营养生长与生殖生长的矛盾、群体生育与个体生育的矛盾、生长发育所需条件与外界不适条件(如高温、干旱或多雨、病虫盛发等)的矛盾。高产棉花特别要求抓好花铃期以水、肥为中心的田间管理,正确处理各种矛盾,减少花、铃脱落,做到带桃入伏、伏桃满腰、秋桃盖顶。

### (五)吐絮期

棉花从开始吐絮到收花结束,称为吐絮期。一般从 8 月下旬或 9 月上旬到 11 月上旬,由于各地区无霜期长短不同,棉花吐絮期长短相差很大,可持续 40~80 d。在这一时期内,随着气温降低,光合作用强度下降,棉株对水肥的要求逐渐减少,营养器官的生长逐渐衰退,生殖器官的生长也逐渐转慢。高产棉花对这一时期的要求是早熟不早衰,既要避免贪青晚熟,又要防止叶子过早衰败枯落,以致后期出现干瘪桃。要尽量做到下部僵瓣烂桃少,上部霜后花比例小,才能实现早熟、优质、高产。因此,仍要注意搞好水肥管理工作,做到遇旱灌水、化学催熟、防治后期虫害等。

棉花全生育期和各个生育阶段的长短,随地区气候、品种、栽培条件等不同而异。例如,黄河流域棉区4月上、中旬播种,10月中、下旬收花完毕,全生育期190 d左右。而华南棉区一般于3月中旬就开始播种,11月上旬才收花完毕,全生育期230 d左右。

## 二、棉花的合理用水

### (一)棉花的需水规律

棉花的需水量随地区不同而相差很大,一般为3 750～6 000 m³/hm²。其需水规律是:现蕾以前需水少;现蕾到开花需水增多;花铃期需水最多,对水分敏感,是需水临界期;吐絮以后需水又明显减少(见表8-3)。

表8-3  棉花各生育期需水量与需水强度

| 地点 | 项目 | 苗期 | 蕾期 | 花铃期 | 吐絮期 | 全生育期 |
|---|---|---|---|---|---|---|
| 河南新乡 | 阶段需水量(mm) | 42.28 | 90.41 | 193.85 | 156.37 | 482.91 |
|  | 占总需水量(%) | 8.76 | 18.72 | 40.14 | 32.38 | 100.00 |
|  | 需水强度(mm/d) | 0.85 | 3.03 | 5.39 | 3.26 | 2.95 |
| 山东菏泽 | 阶段需水量(mm) | 141.00 | 87.70 | 243.60 | 103.70 | 576.00 |
|  | 占总需水量(%) | 24.48 | 15.22 | 42.30 | 18.00 | 100.00 |
|  | 需水强度(mm/d) | 2.25 | 4.18 | 4.40 | 2.36 | 3.16 |
| 山西夹马口 | 阶段需水量(mm) | 101.50 | 103.90 | 315.24 | 87.71 | 608.35 |
|  | 占总需水量(%) | 16.68 | 17.08 | 51.82 | 14.42 | 100.00 |
|  | 需水强度(mm/d) | 1.66 | 3.46 | 5.08 | 2.92 | 3.33 |
| 河北临西 | 阶段需水量(mm) | 110.79 | 73.99 | 259.89 | 44.88 | 489.55 |
|  | 占总需水量(%) | 22.63 | 15.11 | 53.09 | 9.17 | 100.00 |
|  | 需水强度(mm/d) | 1.94 | 3.70 | 4.77 | 2.24 | 3.36 |
| 河南商丘 | 阶段需水量(mm) | 40.2 | 81.4 | 203.5 | 73.8 | 398.9 |
|  | 占总需水量(%) | 10.08 | 20.40 | 51.02 | 18.50 | 100.00 |
|  | 需水强度(mm/d) | 1.09 | 2.71 | 3.51 | 1.94 | 2.45 |

### (二)棉田的灌溉技术

1. 冬春储水灌溉与播前灌

我国北方主要棉区播种时干旱少雨,为了保证及时播种与苗期的适宜土壤湿度,要进行冬季或春季储水灌溉,有时还要播前灌水。棉花发芽出苗要求土壤水分为田间持水量的70%～80%,5 cm处土温要稳定在12 ℃以上。由于灌溉与土壤水热状况密切相关,因此灌水时间和水量要适当掌握。棉田冬灌时间一般在11月下旬,灌水量1 200 m³/hm²。冬灌后由于冻融交替作用使土壤疏松,并能减轻春季地下虫害。冬灌除保证播种出苗的土壤水分外,在深层也储存了一定的水分供苗期需要。没有冬灌的棉田,也可进行早春储水灌溉,春灌时间一般在3月上旬,灌水量750 m³/hm²。在早春水源不足时,为了保证播种时的墒情,满足棉苗需水要求,可实行播前灌。播前灌水时间一般以播种前 15 ~ 20 d 为宜,灌水量不宜过大,可采取隔沟灌的方法,水量以控制在 450 m³/hm² 为宜,主要解决表墒不足问题。

**2. 生长期灌溉**

1) 苗期灌溉

除西北内陆棉区外,其他棉区幼苗阶段一般不需要浇水。北方棉农有“蹲苗”或“浇桃不浇苗”的经验,即用加强中耕的方法保墒,促进根系发育,使棉苗敦实健壮,防止徒长。

2) 蕾期灌溉

现蕾以后棉花需水量迅速增大,此时土壤湿度适宜,有利于早现蕾、多现蕾、多坐伏前桃,并可控制后期徒长。现蕾期正值麦收季节,北方棉区干旱少雨,急需灌水,当地棉农历来有“麦收浇棉花,十年九不差”之说。蕾期土壤水分以控制在田间持水量的 60% ~ 70% 为宜。灌水可采取隔沟灌的方法,水量以控制在 600 m³/hm² 为宜。

3) 花铃期灌溉

花铃期是棉花生长发育最旺盛的时期,对水肥要求迫切,反应也敏感。此时若水肥不足,会造成花铃大量脱落而减产。在此期间,土壤水分以控制在田间持水量的 70% ~ 80% 为宜。我国大部分棉区(西北地区除外)此时正值雨季,因而这时棉田管理既有灌溉问题,又有排水问题。灌水前要注意中短期天气预报,以免灌后遇雨造成渍涝。

4) 吐絮期灌溉

吐絮期气温逐渐降低,棉株需水量逐渐减少,一般控制土壤水分为田间持水量的 55% ~ 70% 即可,多数情况无灌溉要求。但秋旱严重时,为了防止棉株早衰也应灌水,灌水量在 450 m³/hm² 即可。

**3. 棉田覆膜灌溉技术**

1) 覆膜要与灌足底墒水相结合

覆膜与灌足底墒水相结合不仅可以保证棉花发芽出苗的水分需要,而且也保证了前期棉花需水要求,减轻了伏旱威胁。灌底墒水以冬水为好。

2) 膜上灌

膜上灌是通过放苗孔和膜侧旁入渗给作物供水,其特点是节水、增产、见效快、效益高、简便易行,是符合我国国情的先进节水灌溉技术。

# 小 结

本章介绍了小麦、水稻、玉米、棉花等主要作物的生育概况和合理用水技术。

冬小麦的一生按其形态特征的变化可分为发芽出苗、分蘖、越冬、返青起身、拔节、孕穗、抽穗开花和结实成熟等若干生育阶段。小麦的需水规律是:播种至返青需水较少,返青以后需水逐渐增多,拔节抽穗期至成熟期增加到最多,以后又有所减少。小麦一般年份应于播种前、越冬前和拔节孕穗期间各灌一次水。

水稻的一生可分为营养生长期和生殖生长期两个时期。营养生长期包括幼苗期(秧苗期）、移栽返青期、分蘖期和拔节期等生育阶段；生殖生长期包括孕穗期、抽穗开花期和结实成熟期等生育阶段。水稻节水高产灌溉模式有"薄、浅、湿、晒"模式，"间歇淹水"模式和"半旱栽培"模式。

玉米全生育期可划分为苗期、穗期和花粒期三个生育阶段。玉米在发芽和苗期需水量并不高，耐干旱。拔节以后生长加快，日需水量增加，抽雄期日需水量达到高峰，抽雄前10 d到始花后20 d是玉米的需水临界期，对水分十分敏感，拔节期至抽雄期需水量约占总需水量的50%。玉米生长后期(灌浆以后)日需水量逐渐减少。玉米一生灌水包括播前水、拔节孕穗水、抽穗开花水和灌浆成熟水。

棉花一生可分为播种出苗期、苗期、蕾期、花铃期和吐絮期。其需水规律是：现蕾以前需水少；现蕾到开花需水增多；花铃期需水最多，对水分敏感，是需水临界期；吐絮以后需水又明显减少。棉田灌溉可分为播前储水灌溉和生长期灌溉。

# 复习思考题

1. 简述冬小麦各次灌水的作用和技术。
2. 水稻为什么喜水耐湿？简述水稻大田灌溉技术。
3. 简述水稻节水灌溉技术。
4. 根据玉米需水规律，谈一谈玉米灌溉。
5. 试论棉田灌溉。

# 附录　土壤与农作实训指导

## 实训一　土壤样品的采集和处理

### 一、目的要求

要求学生学会耕层土壤混合样品的采集和处理方法。

### 二、仪器用具

取土钻、布袋、标签、铅笔、钢卷尺、圆木棒、油布或塑料布、土壤筛(18 目、60 目)、盛土盘、广口瓶(500 mL、250 mL)。

### 三、操作步骤

#### (一)土壤样品的采集

**1. 土壤剖面分析样品**

如果分析土壤基本理化性质,必须按土壤发生层次采样。在选择好挖掘土壤剖面的位置后,按照剖面坑规格挖掘,然后根据土壤剖面的颜色、结构、质地、松紧度、湿度、石灰反应、pH 值、新生体、植物根系分布等,自上而下划分土层进行仔细观察,描述记载。观察记载后,自下而上地逐层采集分析样品,通常采集各发生层中部位置的土壤,注明采样深度,而不是整个发生层都采。随后将所采样品放入布袋或塑料袋内,一般采集土样 1 kg 左右,在土袋的内外应附上标签,写明采集地点、剖面编号、土层深度或采样深度、采集日期及采样人等,采完后将土坑填平。

**2. 土壤物理性质样品**

进行土壤物理性质测定,须采原状样品。如测定土壤干密度和孔隙度等物理性质,其样品可直接用环刀在各土层中部取样;对于研究土壤结构性的样品,采集时必须注意土壤湿度,不宜过干过湿,最好在不粘铲的情况下采取。此外,在取样过程中,须保持土块不受挤压,不使样品变形,并须剥去土块外面直接与土铲接触而变形的部分,保留原状土样。

**3. 土壤盐分动态样品**

研究盐分在剖面中的分布和变动时,不必按发生层次采样,而自地表起每 5 ~ 10 cm 或 20 cm 采集一个样品。

**4. 耕作土壤混合样品**

为了研究作物生长期内耕作层中养分供求情况,或了解土壤肥力状况,采样一般不需挖土坑,直接采取耕作层(20 cm 左右)土壤。作物根系较深的(如小麦)可适当增加采样深度。为了正确地反映土壤养分动态和作物长势之间的关系,可根据试验区的面积确定

采样点的多少,通常为 5～20 个点,点的分布可根据地块大小、地形及肥力均匀情况分别采用以下方法:

(1)对角线采样法。适用于地块小、肥力均匀、地势平坦的田块,采样约 5 点。

(2)棋盘式采样法。适用于地块大小中等、地势平坦、地形端正、肥力不匀、取样在 10 点以上的田块。

(3)蛇形采样法。适用于面积较大、地形不太平坦、肥力不均、取样点数较多的田块。

在确定的采样点上,先将地面落叶杂物除去,然后用土钻或小铁铲取土。用土钻取土应垂直向下达一定深度,耕作层深度通常为 20 cm 左右;如用小铁铲取土,可用小铁铲斜向下切取一片片的土壤样品。每个采样点的取土深度、质量应尽可能均匀一致,最后将各点所取样品集中混合均匀。

### (二)土壤样品的舍取

采集的土壤样品如果数量太多,可用四分法将多余的土壤弃去,一般 1 kg 左右的土壤样品即够化学、物理分析之用。四分法的方法是:将采集的土壤样品弄碎混合,放在盘子或塑料布上并铺成四方形,划分对角线分成四份,取对角的两份并为一份,其余的两份弃去。如果所得的样品仍然很多,可再用四分法处理,直到所需数量为止。

将需要的土样装入袋内,在袋内外附上标签,带回室内供分析用。

### (三)土壤样品的处理

从田间采回的土壤样品,首先应剔除土壤中的侵入体(如植物的残体、昆虫尸体和石块、砖头等)和新生体(如石灰结核、铁锰结核等)。除速效养分、还原性物质的测定需用新鲜土样外,一般应及时将土样进行处理,以防发霉和污染变质。处理方法如下。

1. 风干和去杂

从田间采来的土壤样品,应及时进行风干。其方法是将土壤样品弄成碎块平铺在干净木板上或纸上,摊成薄层放于室内阴凉通风处风干,经常加以翻动,切忌阳光直接暴晒。对于土壤速效性养分的测定,最好取田间新鲜样品直接用快速方法测定,也可用风干土速测。

2. 磨细与过筛

进行物理分析时,取风干样品 100～200 g,放在铺有塑料布的木板上用圆木棒碾碎,然后通过 18 目筛(孔径 1 mm),留在筛子上的土块再倒在木板上重新碾碎,如此反复多次,直到全部土壤过筛,留在筛子上的碎石称重后须保存,以备砾石称重计算之用。同时,将过筛的土样称重,以计算砾石含量百分率。过筛后的土样经充分混匀后,分成两份:一份供 pH 值、速效养分测定用,另一份继续磨细至全部通过 60 目筛(孔径 0.25 mm),供有机质、全氮等测定用。若测定全氮、全磷等项目,须将通过 60 目筛的土样取一部分继续研磨,并全部通过 100 目筛(孔径 0.149 mm)为止。

应强调指出,在分取样品时,必须将通过 18 目筛的全部土样充分混合后,再用四分法进行分取,而不能在其中随意取出一部分进行磨细,更不允许直接在磨细的样品中筛出一部分作为 60 目土样使用。

3. 装瓶保存

过筛后的土样经充分混匀后,应装入具有磨口塞的广口瓶或塑料袋内,内外各贴标签一张,写明土样编号、采集地点、土壤名称、深度、筛孔、采样人及日期等。

瓶内或袋内的样品应保存在样品架上,尽量避免日光、高温、潮湿和酸碱气体的影响,否则将影响分析结果的准确性。

# 实训二 土壤质地、结构和墒情的鉴别

## 一、目的要求

初步具备鉴别土壤质地、结构和墒情的技能。

## 二、操作步骤

### (一)土壤质地的鉴别(田间手测法)

1. 方法原理

本法以手指对土壤的感觉为主,结合视觉和听觉来确定土壤质地名称。此法简便易行,熟练后也比较正确,适用于田间土壤质地的鉴别。手测法有干测和湿测两种,可相互补充,以湿测为主。

干测法:取玉米粒大小的土块,放在拇指和食指间挤压使之破碎,根据指压时的感觉和用力大小来判断土质粗细。

湿测法:将土样捏碎后,除去石砾和根系,加水湿润,好像和面一样,把土样搓成面团,放在两手之间,做成核桃大小的小球,根据能否搓成球、条及弯曲时断裂等情况加以判断。

2. 判断标准

田间鉴别土壤质地级别可按照附表1进行操作。

附表1 手测法鉴别土壤质地标准

| 质地名称 | 干时测定情况 | 湿时测定情况 |
|---|---|---|
| 砂土 | 干土块毫不用力即可压碎,砂粒明显可见,手捻粗糙刺手,有沙沙声 | 不能成球形,用手握时即散在手中 |
| 砂壤土 | 干土块用小力即可捏碎 | 能搓成表面不光滑的小球,开始有不完整的细条 |
| 轻壤土 | 干土块用力稍加挤压可碎,手捻有粗面感 | 可搓成直径约3 mm的土条,但提起后即会断裂 |
| 中壤土 | 干土块须用较大的力才能压碎 | 可搓成直径约3 mm的土条,但变成直径2~3 cm圆环时断裂 |
| 重壤土 | 黏粒含量较多、砂粒少,干土块用力挤压可捏碎 | 可搓成细土条,能变成2~3 cm圆环,但压扁时有裂纹 |
| 黏土 | 以含黏粒为主,干土块很硬,用手指不能将它捏碎 | 可弯成2~3 cm圆环,压扁后无裂纹 |

### (二)土壤结构的鉴别

田间观察土壤结构时,用取土工具把土块挖出,让其自然散碎,或用手轻捏土块使之散碎成一定大小的土体,然后按其形状鉴定出结构名称(见附表2)。

附表2　土壤结构类型及大小区分

| 类型 | 形状 | 结构单位 | 大小(直径或厚度:mm) |
|---|---|---|---|
| Ⅰ 结构体沿长、宽、高三轴平衡发育 | 1. 块状<br>棱面不明显,形状不规则,界面与棱角不明显 | 大块状结构<br>小块状结构 | >100<br>100~50 |
| | 2. 团块状<br>棱面不明显,形状不规则,略呈圆形,表面不平 | 团块状结构<br>小团块状结构 | 50~10<br><10 |
| | 3. 团粒状<br>表面圆而粗糙,近似圆球形 | 团粒结构<br>小团粒结构 | 20~1<br>1~0.5 |
| | 4. 核状<br>形状大致规则,界面较平滑,棱角明显 | 核状结构<br>小核状结构 | >7<br>7~5 |
| | 5. 粒状<br>形状大致规则,有时呈圆形,其中屑粒状松散不规则 | 粒状结构<br>小粒状结构<br>碎屑状结构 | 5~1<br>1~0.5<br><0.5 |
| Ⅱ 结构体沿垂直轴发育 | 6. 柱状<br>具明显的光滑垂直侧面,横断面形状不规则 | 柱状结构<br>小柱状结构 | 横截面直径>30<br><30 |
| | 7. 棱柱状<br>表面平整光滑,棱角尖锐,横断面略呈三角形 | 棱柱状结构<br>小棱柱状结构 | 横截面直径>30<br><30 |
| Ⅲ 结构体沿水平轴发育 | 8. 片状<br>有水平发育的节理平面 | 板状结构<br>片状结构 | 厚度>3<br><3 |
| | 9. 鳞片状<br>结构体小,有局部弯曲的节理平面 | 鳞片状结构 | |
| | 10. 贝壳状<br>结构体上下部均为球面 | 贝壳状结构 | |

### (三)土壤墒情的鉴别

我国北方农民把土壤含水量称为土壤墒情。有经验的农民,往往在整地、播种之前和作物生长期间,总是要到地里查看土壤墒情,称为验墒。

1. 土壤墒情分级标准

土壤墒情分级标准见附表3。

2. 田间验墒方法

田间验墒时,先量出干土层厚度,再用土钻分层取土,根据土壤颜色、湿润程度和手捏时的感觉来判断墒情。

验墒深度随目的不同而不同。播种前通常只验播种深度的墒,以判断能否出苗和全苗。如果在播种时需要了解出苗后的墒情是否够用，以便作预先安排，最好也验深层的墒。因为它不仅在作物根系发育后可直接被利用，而且在深层墒情很好时，还可在播种后补给表墒，有利于幼苗生长。为了方便，一般把 1 m 内的墒划分为表墒(0~20 cm)、底墒(20~50 cm)和深墒(50~100 cm)。

附表3　土壤墒情的类型和性状(轻壤土)

| 类型 | 土色 | 湿润程度（手捏） | 含水量（质量%） | 相当于田间持水量（%） | 性状和问题 | 措施 |
|---|---|---|---|---|---|---|
| 黑墒以上（汪水） | 暗黑 | 湿润，手捏有水滴出 | 23 以上 | | 水过多，空气少，氧气不足，不宜播种 | 排水，耕作散墒 |
| 黑墒 | 黑—黑黄 | 湿润，手捏成团，落地不散，手有湿印 | 20~23 | 100~70 | 水分相对稍多，氧气稍嫌不足，为适宜播种的墒上限，能保苗 | 适时播种，稍加散墒 |
| 黄墒 | 黄 | 湿润，手捏成团，落地散碎，手微有湿印和凉爽之感 | 10~20 | 70~45 | 水分、空气都适宜，是播种最好的墒情，能保全苗 | 适时播种，注意保墒 |
| 潮干土（灰墒、燥墒） | 灰黄 | 潮干，半湿润，捏不成团，手无湿印，而有微温暖的感觉 | 8~10 | 45~30 | 水分含量不足，是播种的临界墒情，只有一部分种子出苗 | 抗旱抢种，浇水补墒后再种 |
| 干土面 | 灰—灰白 | 干，无湿润感觉，手捏散成面，风吹飞动 | 8 以下 | <30 | 水分含量过低，种子不能出苗 | 先浇后播 |

干土层厚度是判断土壤旱情的重要指标。一般若干土层厚度在 3~5 cm，下层土壤保持适合的墒情，能保证作物播种出苗，也适宜作物生长；若干土层厚度在 6~8 cm，则其下面墒情就相应变差，对播种出苗有影响；若干土层厚度超过 10 cm，则表示旱象严重，作物播种后难以出苗，生长受阻。

# 实训三　土壤含水率的测定

## 一、目的要求

(1)掌握土壤含水率测定方法。
(2)了解中子法、TDR 法等土壤水分测定新技术。

## 二、测定方法

### (一)土壤自然含水率测定

1.烘干法

1)方法原理

烘干法是测定土壤含水率方法中最常用的一种经典方法，测定结果比较准确。其原理是称取一定的待测土样放在 105～110 ℃ 的烘箱中,烘至恒重,烘干前后质量之差,即为土壤样品所含水分的质量。

2)仪器用品

烘箱、铝盒、干燥器、天平(感量 0.01 g)、土钻、小刀等。

3)操作步骤

(1)称铝盒质量($m_0$),并记上铝盒号码。

(2)在田间用土钻取有代表性的新鲜土样,用小刀刮去浮土,取样 20 g 左右放入铝盒,盖好,立即带回室内称量,即为铝盒 + 湿土质量($m_1$)。

(3)打开铝盒盖,套在盒下面,放在 105～110 ℃ 烘箱中,烘干 6 h。

(4)取出铝盒,盖好盖,置于干燥器中冷却至室温(约需 30 min),称重。

(5)再将铝盒放入烘箱中烘干 2～3 h,称重,即铝盒 + 干土质量($m_2$)。

直至前后两次质量相差不超过 0.01 g。

(6)与此同时,作平行测定,每个样品至少重复 3 次。

4)结果计算

土壤含水率可按下式计算

$$土壤含水率(质量\%) = \frac{m_1 - m_2}{m_2 - m_0} \times 100\%$$

5)注意事项

(1)平行测定结果用算术平均值表示,保留小数后一位。

(2)平行测定结果的差值不得大于 1%。

为便于计算和检查,可用附表 4 进行记载。

**附表 4　烘干法测定土壤含水率记载表**

| 取土时间 | 取土地点 | 取样深度(cm) | 盒号 | 盒质量(g) | 盒+湿土质量(g) | 盒+干土质量(g) | 干土质量(g) | 水质量(g) | 含水率(%) |
|---|---|---|---|---|---|---|---|---|---|
|  |  |  |  |  |  |  |  |  |  |
|  |  |  |  |  |  |  |  |  |  |
|  |  |  |  |  |  |  |  |  |  |

**2. 酒精燃烧法**

1)方法原理

利用酒精在土壤样品中燃烧产生的热量,使土壤水分迅速蒸发干燥。此法简便、快速,适于田间测定。

2)仪器用具

天平(感量 0.01 g)、铝盒、无水酒精等。

3)操作步骤

(1)在田间选点取新鲜土样 5 g,放入已知质量铝盒中。

(2)向铝盒中加酒精(4 mL 左右),使土壤全部浸没为止。

(3)待土样全部被酒精浸透后,点燃酒精,使之燃烧完全,待火焰熄灭后,再滴加酒精2~3 mL,进行第二次燃烧,一般烧3~4次即可达到恒重,即前后两次之差小于0.03 g。

4)结果计算

酒精燃烧法的结果计算同烘干法。

### 3.中子法

中子法是目前测定土壤含水率较先进的方法之一。它不仅简便迅速,而且测定结果也比较精确。此法是把一个快速中子源和慢中子探测器置于套管,埋入土中。其中的中子源(如镭、镅、铍)以很高的速度放射出中子,当这些快中子与水中的氢原子碰撞时,就会改变运动的方向,并失去一部分能量而变成慢中子,土壤水分愈多,氢原子也愈多,产生的慢中子也就愈多。慢中子被探测器和一个定标器量出,经过校正可求出土壤含水率(见附图1)。

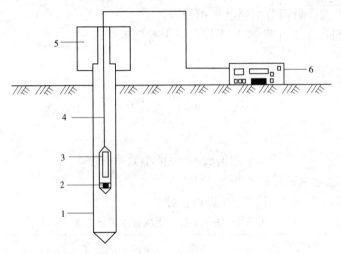

1—硬质铝管;2—快速中子源;3—慢中子探测器;
4—电缆;5—石蜡筒(标准减速仪);6—野外定标

附图1 中子测水仪示意图

### 4.TDR 法(时域反射仪)

TDR 类似一个短波雷达系统,可以直接、快速、方便、可靠地监测土壤水分状况。该法是利用电磁脉冲信号沿在土壤中放置或垂直插入的探针(波导棒,长度为 $L$)发射,从始端传播到终端,脉冲信号受反射又沿波导棒返回到始端。考察脉冲输入到反射返回的时间以及反射的脉冲幅度的衰减,即可计算土壤含水率。

### (二)田间持水率的测定

田间持水率测定方法有田间法和室内法。一般应尽可能地采用田间法,但有时由于条件的限制(如地下水位接近地表),也可采用室内法。

### 1.田间法(淹灌方框法)

1)方法原理

从土壤表层灌水至饱和状态后,待重力水下渗移动大致停止时,测定土壤的含水率,即为田间持水率。

2）仪器用具

木框（正方形，框内面积 1 m²，高 50 cm，下端削成楔形，并用白铁皮包成刀刃状，便于插入土中）、天平（感量 0.01 g）、水桶、铁锹、土钻、铝盒、烘箱、草帘等。

3）操作步骤

（1）在田间选一代表性地块，将表面平整后，划出 4 m² 的面积，周围筑成高 40 cm、顶宽 30 cm 的捣实土埂，中央插入面积为 1 m² 的木框，插深 10 cm，框内做试验区，框与土埂间为保护区。若无木框，也可用土埂代替。

（2）在外土埂旁分层取土测定土壤含水量和干密度，再按下式计算试验区的灌水量，即

$$灌水量（m^3） = H(W - a)\rho Sh$$

式中　　$a$——土壤现有含水率（%）；

　　　　$W$——土壤饱和含水率（%），相当于试验区一定深度内的孔隙；

　　　　$\rho$——土壤干密度，g/cm³；

　　　　$S$——试区面积，m²；

　　　　$h$——土层需要灌水的深度，一般定为 1 m；

　　　　$H$——使土壤达饱和含水率的保证系数，通常取 1.5。

（3）按计算的灌水量均匀分次灌入试验地块。保护地块也同时灌水，但不计水量。每次灌水的水层深度，以不超过 5 cm 为宜，直至将应灌水量灌完。灌水时为防冲刷，可在灌水处铺上草帘。

（4）为防止土表蒸发，应在水渗完后，盖上草帘，上面再用塑料布盖好。

（5）砂土、壤土在灌水后 24 h，黏土在 48 h 后即可取样测定。按正方形对角线布置 3 点打钻，从上到下分层取土，测定土壤含水率，以后每天测定一次，直至各土层前后两天含水率变化不超过 1% ~ 1.5%。此时的土壤含水率即为田间持水率。

4）结果计算

田间法的结果计算同烘干法。

**2. 室内法（环刀法）**

1）仪器用具

天平（感量 0.01 g）、环刀（100 cm³）、铝盒、烘箱等。

2）操作步骤

（1）用环刀在野外采取原状土，用装好滤纸的有孔底盖盖好，带回室内，放水中浸泡一昼夜（水面较环刀上缘低 1 ~ 2 cm，勿使环刀上面淹水）。

（2）将在相同土层中采集、风干后通过 1 mm 筛孔的土样装入另一环刀中。装时要轻拍击实，并稍装满些。

（3）将饱和湿土环刀底盖打开，连同滤纸一起放在装有风干土的环刀上，为使其接触紧密，可在环刀上加压重物（压三块砖即可）。

（4）经过 8 h 吸水过程后，从上面环刀中部取土测定土壤含水率（方法同烘干法），此值即接近于田间持水率。

本试验须进行 2 ~ 3 次平行测定，重复间允许误差为 ±1%，取算术平均值。

# 实训四　作物生育性状的观测与调查

## 一、目的要求

(1)初步掌握作物生育期的划分标准。

(2)初步区分三类苗情,并提出相应的田间管理措施。

## 二、小麦

### (一)小麦生育期观测

1.小麦各生育期划分标准

(1)播种期。播种当天,用日/月表示,下同。

(2)出苗期。第一片真叶伸出胚芽鞘长达1.5 cm时为出苗标准,当田间有50%的小麦达到出苗标准时为出苗期。

(3)分蘖期。小麦第一个分蘖露出叶鞘1.5 cm为分蘖标准,当田间有50%的麦苗长出分蘖则为分蘖期。

(4)越冬期。当日平均气温下降到3 ℃左右,即进入越冬期。

(5)返青期。开春后新生叶片露出叶鞘1~2 cm,为返青期。

(6)起身期。麦苗由匍匐状态转为直立状态,为起身期。

(7)拔节期。当小麦茎基部第一节间伸长3 cm左右、苗高20 cm、茎高5~7 cm时,即为拔节。大田有50%的茎拔节,即为拔节期。

(8)抽穗期。大田有50%麦穗露出叶鞘1/3时,为抽穗期。

(9)开花期。大田有50%的麦穗中部开花,为开花期。

(10)成熟期。籽粒胚乳呈乳状,为灌浆期;籽粒胚乳呈蜡状,为蜡熟期;籽粒胚乳完全变硬,为完熟期。

2.观测方法

以上生育期观测,一般是在田间选择有代表性的2~3个点,进行定点观测。平时5 d观测一次,临近某生育期时,1~2 d观测一次。

### (二)春季麦苗长势长相调查

1.冬小麦春季三类苗情划分标准

冬小麦春季三类苗情划分标准见附表5。

附表5　冬小麦春季三类苗情划分标准

| 项目 | 旺苗 | 壮苗 | 弱苗 |
|---|---|---|---|
| 叶色 | 黑绿油亮 | 青绿有光泽 | 黄绿 |
| 叶片长相 | 宽大披散,形似猪耳朵 | 挺拔稍披,形似驴耳朵 | 短而直立,形似马耳朵 |
| 单株分蘖数 | 过多(>5个) | 适中(5个) | 不足(2个) |
| 封行情况 | 全封 | 半封 | 未封 |
| 管理措施 | 控制水肥,推迟浇水、追肥 | 适时浇水、酌情追肥 | 以促为主、水肥齐攻 |

2.调查方法

根据三类苗情划分标准,用目测法辨认所调查麦田属于哪一类。最好能够调查三个类型的麦田,以增加感性认识,真正掌握目测方法。

## 三、水稻

### (一)水稻生育期观测

1.水稻各生育期划分标准

(1)出苗期。50%的秧苗出现第一片绿叶的日期,以日/月表示,下同。

(2)三叶期。50%的秧苗第三片完全叶展开的日期,为三叶期。

(3)返青期。插秧后,50%的秧苗开始长出新叶的日期,为返青期。

(4)分蘖期。10%的秧苗第一分蘖露出叶鞘时的日期为分蘖始期;50%的秧苗第一个分蘖露出叶鞘的日期为分蘖期;分蘖数达到最多的时期为最高分蘖期,也叫分蘖盛期。

(5)拔节期。50%的植株地上第一节间长度在 1 ~ 2 cm 的日期,为拔节期。

(6)孕穗期。50%的植株剑叶全部露出叶鞘的日期,为孕穗期。

(7)抽穗期。稻穗露出叶鞘的植株占 50% 的日期,为抽穗期。

(8)乳熟期。50%的稻穗中部谷粒已灌浆,其内含物为乳汁的日期,为乳熟期。

(9)黄熟期。50%的稻穗中部谷粒颜色变黄,米粒变硬的日期,为黄熟期。

2.观测方法

水稻的观测方法同小麦。

### (二)水稻各生育期长势长相诊断指标

水稻各生育期长势长相诊断指标见附表6。

附表6  水稻各生育期长势长相诊断指标

| 生育期 | 健壮苗 | 徒长苗 | 瘦弱苗 |
|---|---|---|---|
| 分蘖期 | 返青后,叶色渐深;分蘖后期,叶色渐淡,即"一黑一黄"。长势蓬勃,长相清秀,早晨看苗,弯而不披;中午看苗,挺拔有劲。全田封行不封顶 | 出叶快而多,叶色黑过头,分蘖末期,叶色"一路青",叶片软弱,株型松散。早晨看苗,叶片披垂;中午看苗,下弯带披;傍晚看苗,叶尖吐水迟又少。全田封行又封顶。这类稻苗必须严格控制氮肥施用,并及早晒田控制 | 叶色黄绿,叶片和株型直立,像"刷锅签"。出叶慢,分蘖少。分蘖末期,叶色出现"脱力黄",全田不封行。这类稻苗要及时补救、积极促进 |
| 长穗期 | 晒田复水后,叶色由黄转绿直到抽穗,稻草生长健壮,茎部粗壮,叶片挺立清秀,全田封行不封顶 | 叶色"一路青",后生分蘖多,稻脚不清秀,下田缠脚,叶片软弱搭蓬,最上两叶过长,稻苗多病 | 叶色落黄不转青,稻苗未老先衰,最上 2 ~ 3 叶和下叶长度差异小,全田迟迟不封行 |

| 生育期 | 健壮苗 | 徒长苗 | 瘦弱苗 |
|---|---|---|---|
| 结实期 | 青枝蜡秆,叶青穗黄。黄熟时剑叶坚挺,有绿叶两片以上 | 叶色乌绿,贪青晚熟,秕谷多 | 叶色枯黄,剑叶叶尖早枯,显出早衰现象,秕谷多 |

注:以上三个生育期可选作。

## 四、玉米

### (一)玉米各生育期划分标准

(1)出苗期。种子发芽出土高 2 cm 的苗数达 50% 以上的日期,为出苗期。

(2)拔节期。50% 以上的植株手摸靠近地面的茎秆有较明显的茎节时的日期,为拔节期。

(3)抽雄期。50% 以上的雄穗尖端从顶叶抽出时的日期,为抽雄期。

(4)开花期。植株雄穗开始开花散粉,称为开花。10% 以上开花时为始期,50% 以上开花时为盛期,80% 以上开花时为末期。

(5)成熟期。80% 以上植株的茎叶变黄、籽粒变硬的日期,为成熟期。

### (二)观测方法

玉米的观测方法同小麦。

## 五、棉花

### (一)棉花各生育期划分标准

(1)出苗期。50% 幼苗子叶平展的日期,为出苗期。

(2)现蕾期。第一蕾苞叶达 3 mm 时为现蕾;50% 植株开始现蕾的日期为现蕾期;全田 50% 第四枝第一节现蕾之日为盛蕾期。

(3)开花期。全田 50% 植株第一朵花开之日为开花期;50% 植株第四枝第一朵花开之日为开花盛期。

(4)吐絮期。全田 50% 以上棉株第一铃各室见絮之日,为吐絮期。

### (二)观测方法

棉花的观测方法同小麦。

# 参考文献

[1] 黄昌勇.土壤学[M].北京:中国农业出版社,2000.

[2] 王荫槐.土壤肥科学[M].北京:中国农业出版社,1992.

[3] 张明柱,黎庆准,石秀兰.土壤学与农作学[M].3版.北京:中国水利水电出版社,1994.

[4] 翟虎渠.农业概论[M].北京:高等教育出版社,1999.

[5] 林启美.土壤肥料学[M].北京:中央广播电视大学出版社,1999.

[6] 江苏省淮阴农业学校.土壤肥料学[M].2版.北京:中国农业出版社,2000.

[7] 朱祖祥.中国农业百科全书·土壤卷[M].北京:中国农业出版社,1996.

[8] 梁玉衡.土壤知识浅说[M].北京:农业出版社,1980.

[9] 张含英.中国农业百科全书·水利卷[M].北京:农业出版社,1987.

[10] 崔宗培.中国水利百科全书[M].北京:水利电力出版社,1991.

[11] 庞鸿宾.节水农业工程技术[M].郑州:河南科学技术出版社,2000.

[12] 李远华.节水灌溉理论与技术[M].武汉:武汉水利电力大学出版社,1999.

[13] 陈玉民,郭国双,等.中国主要作物需水量与灌溉[M].北京:中国水利水电出版社,1999.

[14] 张继澎.植物生理学[M].西安:西安图书出版公司,1999.

[15] 林性粹,赵乐诗,等.旱作物地面灌溉节水技术[M].北京:中国水利水电出版社,1999.

[16] 吕军.农业土壤改良与保护[M].杭州:浙江大学出版社,2001.

[17] 林成谷.土壤学(北方本)[M].北京:农业出版社,1992.

[18] 山东农学院.作物栽培学(北方本)[M].北京:农业出版社,1980.

[19] 祖康祺.土壤知识[M].北京:农业出版社,1982.

[20] 贾大林.节水农业是提高用水有效性的农业[J].农田水利与小水电,1995(1):5-7.

[21] 石元春,刘昌明,等.节水农业应用基础研究进展[M].北京:中国农业出版社,1995.

[22] 杨生毕.农学基础[M].北京:中国农业出版社,2001.

[23] 余延敏.土壤学[M].北京:中国水利水电出版社,1998.

[24] 南京林业学校.土壤学[M].北京:中国林业出版社,1985.

[25] 卢增兰.土壤肥料学[M].北京:农业出版社,1991.

[26] 沈振荣,汪林,等.节水新概念[M].北京:中国水利水电出版社,2000.

[27] 张建国.土壤与农作[M].北京:中国水利水电出版社,2003.

[28] 龚振平.土壤学与农作学[M].北京:中国水利水电出版社,2009.